Verbrennungsmotoren

von

Dr.-Ing. Wilhelm Endres

o. Prof. an der Techn. Hochschule München (em.)

II

Gaswechselvorgang. Aufladen. Leistung, mittl. Druck,

Reibung. Wirkungsgrade u. Kraftstoffverbrauch.

Mit 62 Abbildungen

Sammlung Göschen Band 1184/1184 a

Walter de Gruyter & Co. Berlin 1966

vormals G. J. Göschen'sche Verlagshandlung · J. Guttentag,
Verlagsbuchhandlung · Georg Reimer · Karl J. Trübner · Veit & Comp

Inhaltsverzeichnis

A bis E siehe Band I Sammlung Göschen Band 1076/1076a).

F. Der Gaswechselvorgang beim (nicht aufgeladenen) Verbrennungsmotor

Inhaltsverzeichnis

G. Das Aufladen von Verbrennungsmotoren

H. Leistung N_e des Verbrennungsmotors und ihre Berechnung. Mittl. Druck p_e, Drehmoment M_d, mittl. Kolbengeschwind. c_m, Literleistung. Die Reibung. Atmosphäreneinfluß. Leistungsbezeichnungen

J. Wirkungsgrade und Kraftstoffverbrauch des Verbrennungsmotors

Band III wird den konstruktiven Aufbau der Verbrennungsmotoren behandeln (Abschnitte K, L u. s. f).

F. Der Gaswechselvorgang beim (nicht aufgeladenen) Verbrennungsmotor

1. Aufgabe und Bedeutung

Die Aufgabe des Gaswechselvorgangs ist die, die Verbrennungsgase möglichst vollständig aus dem Zylinder zu entfernen und dafür diesen mit einer möglichst großen Menge von Frischladung zu füllen, nämlich brennbarem Gemisch (Ottomotor) oder Luft (Dieselmotor), die dann für die folgende Verbrennung zur Verfügung steht. Je größer diese Menge, um so mehr Leistung entsteht bei der Verbrennung in einem Zylinder gegebener Größe. Wird umgekehrt eine bestimmte Leistung verlangt, so bedeutet ein gut arbeitender Gaswechsel, daß man mit einem verhältnismäßig kleinen Zylinder auskommt, d. h. der Motor wird klein und leicht sowie billig in der Herstellung.

Die Zuführung großer Mengen flüssigen Kraftstoffs in den Motor ist einfach; sie hat aber nur insoweit einen Sinn, als es gelingt, den anderen Rohstoff der Verbrennungsreaktion, die Luft, in genügender Menge zuzuführen; sei es als Hauptbestandteil des brennbaren Gemisches (Ottomotor) oder als reine Luft (Dieselmotor).

Einleitendes über Viertakt und Zweitakt s. Band I Bilder 2, 3 und 4. Im folgenden ist in F 2 bis 4 der Gaswechselvorgang beim Viertakt, in F 5 bis 11 beim Zweitakt behandelt, immer für nicht aufgeladene („selbstansaugende") Motoren; bei aufgeladenen Motoren siehe unter G. Instationäre Vorgänge s. F 12, Abgase F 13.

2. Der Gaswechselvorgang beim Viertaktmotor. Beschreibung

Das Auslaßventil A öffnet, bewegt von einem Nocken, bereits 30°—60° Kurbelwinkel vor unterem Totpunkt (u. T.), also vor Beginn des Auslaßhubs, Bild 1 und 2. Dieser „Vorauslaßwinkel" wird bei schnellaufendem Motor größer gewählt als bei langsamlaufendem, um die für

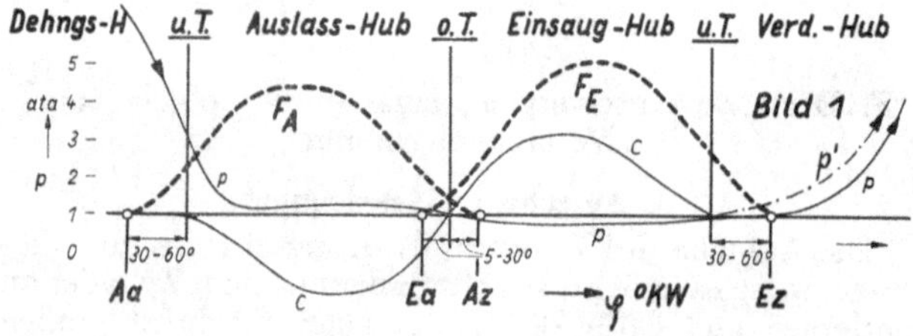

Bild 1. Ladungswechsel beim Viertaktmotor. Über dem Kurbelwinkel φ sind die Öffnungsquerschnitte F_A und F_E des Auslaß- und Einlaß-Ventils, der Druck p im Zylinder und die Kolbengeschwindigkeit c eingetragen. u. T und o. T unterer und oberer Totpunkt. Zeiger a und z: Ventil macht auf, zu.

den Ausschub nötige Zeit zu gewinnen. Nach Bd. I A 8 ist ja $t = \varphi/6n$, wobei t Zeit in Sekunden, φ Kurbelwinkel in Grad, n Drehzahl in Umdrehungen je Minute. Wenn das Ventil, zunächst nur einen kleinen Querschnitt freigebend, noch am Ende des Dehnungshubs öffnet, herrscht im Zylinder bei Nennlast noch ein Druck von 3 bis 6 atü; da in der Auspuffleitung nur etwa 1 ata oder 0 atü vorhanden sind, stellt sich im Ventilspalt ein über-

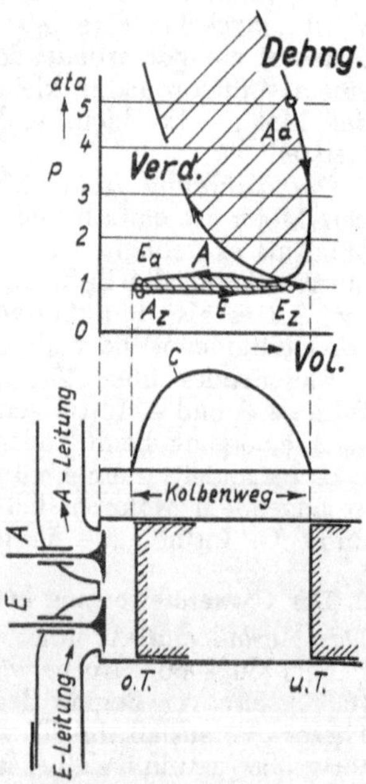

Bild 2 Ladungswechsel beim Viertaktmotor. Unten waagrechter Zylinder. Über den Kolbenweg ist oben der Druck p im Zylinder, in der Mitte die Kolbengeschwindigkeit c aufgetragen. A Auslaß, E Einlaß.

kritisches Druckverhältnis und Schallgeschwindigkeit (F 12) der Auspuffgase ein. In der Auspuffleitung entsteht dadurch eine örtliche Druckerhöhung, welche zur Ursache einer in der Leitung weglaufenden Druckwelle (F 12) wird. Im Zylinder sinkt durch das Ausströmen der Druck, bald wird deshalb das Druckverhältnis unterkritisch. Beim weiteren Ausströmen ist zu bedenken, daß die Kolbengeschwindigkeit c nach dem Gesetz des Kurbeltriebs in der Mitte des Kolbenhubs groß, an seinem Ende klein ist und damit auch die Menge der je Zeiteinheit ausgeschobenen Gase. Da im Ventil eine gewisse Drosselung entsteht, ist der Druck während des Auslaßhubs im Zylinder im allgemeinen höher als der Außendruck (z. B. um 0,1 bis 0,3 at), s, Bild 1 und 2; allerdings sind dort alle Drucklinien nur schematisch eingezeichnet; die wirklichen Linien während des *A*- u. *E*-Hubs sind diesen gegenüber meist ziemlich verändert, hervorgerufen besonders durch dynamische Vorgänge (F 12).

Meist schließt das Auslaßventil erst einige Grad nach dem oberen Totpunkt, o. T. (5—30°; bei Rennmotoren mehr; aufgeladene Motoren s. G 2). Da in der Regel das Einsaugventil auch einige Grad (Zahlenwerte ähnlich) vor o. T. öffnet, sind in diesem Totpunkt („Ladungswechsel—o. T.“, im Gegensatz zum „Zünd—o. T.“) beide Ventile etwas geöffnet: „Ventilüberschneidung“. Zweck s. unter b). Der Kolben muß in diesem Fall so tief liegen oder solche Aussparungen haben, daß die Ventile an ihm nicht anstoßen.

Das Einsaugventil E läßt beim Einsaughub das Ladungsgas (brennbares Gemisch beim Ottomotor, Luft beim Dieselmotor) eintreten, das vom abwärtsgehenden Kolben angesaugt wird. Wegen der Drosselwirkung des *E*-Ventils ist jetzt der Druck im Zylinder etwas niedriger als der Außendruck, s. die schematische Kurve. Auch während des Einsaughubs ändert sich die Kolbengeschwindigkeit c. Das *E*-Ventil schließt erst nach u. T., also zu Beginn des Verdichtungshubs; der Winkel beträgt meist 20—60° nach u. T., wobei bei raschlaufenden Maschinen die größeren Zahlen gelten; Zweck s. unter F 3. Mit Schließen des *E*-Ventils beginnt die Verdichtung; Druckverlauf *p*.

Im *p*-*V*-Diagramm Bild 2 entsteht so eine im Uhrzeiger-Gegensinn verlaufende *Schleife*, d. h. eine negative, einen Verlust bedeutende Arbeit. Da es sich dabei um einen Über- oder Unterdruck von wenigen Zehntel at handelt, ist diese Arbeit im Vergleich zu der von den Linien des Verdichtungs- und Dehnungshubs dargestellten positiven Arbeit gering, aber immerhin bemerkbar. Oft rechnet man sie einfach zur Reibungsarbeit, s. H 7. Die Drucklinien beim *A*- und *E*-Hub lassen sich von Indikatoren nur dann aufzeichnen, wenn diese für kleine Drücke eigens eingerichtet sind.

3. Konstruktive Maßnahmen zur Verbesserung des Gaswechsels beim Viertaktmotor

Damit in kurzer Zeit durch die Ventile viel Gas hindurchströmt, was eine Vorbedingung für den erfolgreichen Bau von Motoren mit hoher Drehzahl ist, müssen die Ventile groß sein, insbesondere das *E*-Ventil; letzteres wird oft etwas größer als das *A*-Ventil gemacht. Auch der Hub und die Öffnungsdauer, von der Nockenform bestimmt, müssen groß genug sein. — Konstruktives über Durchmesser und Hub des Ventils, Beschleunigung des Ventils, Gasgeschwindigkeit im Ventil, Motoren mit zwei *E*- oder zwei *A*-Ventilen s. Bd. III.

Besondere Möglichkeiten der Verbesserung des Gaswechsels liegen in der Ventilüberschneidung und im Spätschluß des *E*-Ventils:

Ventil-Überschneidung. Im Verdichtungsraum verbleibt, vom Kolben am Ende des *A*-Hubs nicht erreicht, ein Abgasrest; Bild 2. Wenn auch sein Volumen und, wegen der hohen Temperatur, auch seine Dichte nicht groß ist, vermindert er doch die Frischladung. Durch die Ventilüberschneidung kann es mit Hilfe der kinetischen Energie der Auspuffgase gelingen, ihn auszuspülen: Der vom ersten Auspuffstoß nach F 2 in der Auslaßleitung erzeugten örtlichen Druckerhöhung mit abwandernder Druckwelle folgt oft an derselben Stelle der Leitung eine Druck*herabsetzung*. Wenn nun im Ladungswechsel — o. T. beide Ventile etwas geöffnet sind, herrscht dann also vor dem *E*-Ventil ein höherer Druck als hinter dem *A*-Ventil; es entsteht eine Strömung, welche den Abgasrest in die Auslaßleitung ausspülen kann. Man spricht bei diesem Vorgang auch von der nachsaugenden Wirkung der Auspuffgase; die Abgassäule wird zwischen den vorauseilenden schnellen und den nachkommenden langsamen Teilchen auseinandergezogen, wodurch in der Leitung nahe dem Zylinder ein Unterdruck entsteht. — Diese Vorgänge können allerdings durch Schwingungen in der Auslaßleitung sehr verändert, auch gestört werden, s. F 12c. — Überschneidung bei Aufladung siehe G 2, Bild 39.

Bei *Ottomotoren* mit ihrer Mengenregelung (Begriff siehe Band I Bild 4 und A 4, letzter Absatz; in diesem Band siehe Bild 62) herrscht bei kleiner Belastung in der Saugleitung Unterdruck. Infolgedessen strömt bei der Überschneidung u. U. umgekehrt Gas aus der A-Leitung in den Zylinder und von dort in die Einsaugleitung und kann dort, namentlich bei kleinem *n*, ein stoßweises Rückströmen und das sog. *Vergasersprühen* hervorrufen.

Am Ende des *E*-Hubs läßt sich *durch Spätschluß des E-Ventils* folgendes erreichen: Die Gas- bzw. Luftsäule im Ansaugrohr wurde bei der hohen Kolbengeschwindigkeit *c* in Mitte des *E*-Hubs in große Geschwindigkeit versetzt. Gegen Ende des Hubs läuft der Kolben langsam; die Säule zwischen Saugrohr und Zylinder hat also dann ein langsam bewegtes vorderes und ein sich noch rasch bewegendes hinteres Ende; sie wird zusammengeschoben, verdichtet; Druckkurve p' tritt an Stelle von p. Um diesem erwünschten Vorgang genug Zeit zu lassen, schließen wir das *E*-Ventil spät, aber nicht zu spät: Wenn nämlich einige Zeit nach u. T. alle Bewegung abklingt, würde dieser bisher durch Beschleunigungskräfte bewirkte Zustand erhöhter Dichte zu Ende gehen und die Ladung im Zylinder würde anfangen, infolge ihres statischen

Überdrucks wieder in die E-Leitung abzuströmen. Dazu kommt, daß jetzt der steigende Kolben die Ladung hinausdrängen will. Um dies zu verhindern, schließen wir in diesem Augenblick das E-Ventil; es gelingt dadurch, eine größere Luftmenge als bei a im Zylinder festzuhalten; denn bei „E zu" ist der Druck p' größer als p. S. Bild 1.

Offenbar muß bei diesem instationären Vorgang (siehe F 12b) die Zeit t, um welche der Ventilschluß dem u. T. nacheilt, richtig bemessen sein. Wir können den das Ventil steuernden Nocken so formen, daß für eine bestimmte Drehzahl n die Zeit nach der Gleichung $t = \varphi/6n$ die richtige ist. Allerdings wird dann bei anderen Drehzahlen n (Fahrzeugmotor) die Zeit t nicht die richtige sein und deshalb die Ladung und Leistung des Motors etwas geringer ausfallen. Ein später Schluß des E-Ventils bedeutet, daß die Ladung und das p bei hoher Drehzahl hoch ausfällt, aber auf Kosten dieser Werte und des glatten Laufs des Motors bei niedriger Drehzahl; umgekehrt bei frühem Schluß.

Derartige Maßnahmen bewirken Verbesserungen der Ladung in der Größenordnung von mehreren Prozenten. Im Grund ist aber der Gaswechsel auch ohne solche Feinheiten gesichert, weil der Kolben immer seine verdrängende und ansaugende Wirkung hat. Dies ist ein Vorzug des Viertakts vor dem Zweitakt.

4. Der Erfolg des Gaswechselvorgangs beim 4-Takt-Motor. Der Liefergrad λ_l des Einsaughubs

Es kommt darauf an, daß im Augenblick des Schließens des E-Ventils eine möglichst große Ladungsmenge im Zylinder ist; brennbares Gemisch beim Ottomotor, Luft beim Dieselmotor. Die Menge wird im alten Technischen Maßsystem in G Kraftkilogramm, bzw. im neuen physikalischen „Internationalen System" in m Massenkilogramm ausgedrückt. In diesen Maßsystemen lautet die Zustandsgleichung für Gase:

$$G = PV/RT, \quad m = PV/RT. \tag{1}$$

Dabei *P* Druck in kp/m², V nutzbares Volum in m³, T Temperatur absolut in Grad Kelvin, *R* Gaskonstante in mkp/(kg·Grad Kelvin); für Luft *R* = 29,3. — Bei der rechtsstehenden Gleichung wird also, wie das jetzt in vielen Büchern mit Rücksicht auf die einmal eingeführten Größen geschieht, der Druck *P* in kp/m² dargestellt und nicht etwa N/m² (Newton je Quadratmeter), wie dies bei vollkommener Einführung des Internationalen Systems folgerichtig wäre. 1 kp = 9,81 N.

Es kommt also darauf an, *P* und *V* groß zu machen, *T* klein zu halten. Steigerung von *P* siehe F 3. Das nutzbare Volum *V* wird durch Spätschluß des *E*-Ventils zwar kleiner (z. B. bei 60° nach u. T. 20 % kleiner), was aber bei richtiger Bemessung durch vergrößertes P mehr als ausgeglichen wird; Ausspülen des Verdichtungsraumes wirkt wie vergrößertes nutzbares *V*. Daß *T* erheblich höher als die Außentemperatur wird, läßt sich nicht vermeiden, weil die einströmende Ladung durch Berührung mit den warmen Wänden am Ventil und im Zylinder sowie durch Beimischung des Abgasrestes erwärmt wird, insbesondere bei hoch belastetem, heißem Motor; dabei wird *T* um 50 bis 100° über die Außentemperatur angehoben, steigt bei 20° C Außentemperatur (gleich 293° K) als Beispiel auf 360° K, d. h. um etwas mehr als 20%; diese Erwärmung ist bei luftgekühltem Motor oft etwas größer als bei wassergekühltem. Bei Vergasermotoren etwas günstiger, weil beim Brennstoff-Luft-Gemisch die Temperatur durch Verdampfungskühlung (z. B. stark bei Spiritusbetrieb) reduziert wird.

Liefergrad λ_l. Bei einem bezüglich des Einsaugens idealen Viertaktmotor würde sich das ganze Hubvolumen V_H mit Ladung (Otto: brennbares Gemisch, Diesel: Luft) vom Außenzustand (d. h. von dessen spez. Gewicht bzw. Dichte) füllen. Der tatsächliche Motor saugt aus den oben genannten Gründen weniger an, was man sich anschaulich so vorstellen kann, wie wenn er zwar auch Ladung vom Außenzustand aufnehmen würde, dafür aber ein (gedachtes) kleineres Hubvolumen V'_H hätte. Man vergleicht V'_H mit V_H, indem man das Verhältnis V'_H/V_H bildet; es ist gleich dem *Liefergrad*, also

$$\lambda_l = V'_H/V_H\,. \tag{2}$$

Wenn man Zähler und Nenner mit dem auf den Außenzustand bezogenen spez. Gewicht γ (Techn. Maßsystem) bzw. der Dichte ϱ (Internat. Maßsystem) multipliziert, erhält man im Zähler die tatsächlich angesaugte, im Nenner die vom idealen Motor angesaugte Menge, ausgedrückt in Gewicht (Kraftkilogramm) bzw. Masse (Massenkilogramm).

Der Liefergrad ist leicht zu messen. Findet man z. B. bei einem 6-Zylinder-Dieselmotor von $V_H = 8{,}4$ Liter Hubvolumen (jeder Zylinder 1,4 Liter) und $n = 2000$ Umdr./min (bei 4-Takt 1000 Arbeitsspiele/min), daß er, mit Meßdüse, Meßblende oder Luftuhr gemessen, in 1 Minute 6800 Liter Luft vom Außenzustand angesaugt hat, so hat er pro Arbeitsspiel 6800/1000 = 6,8 Liter = V'_H angesaugt. Dann ist der Liefergrad gleich V'_H / V_H = 6,8/8,4 = 0,81 oder 81%. — Mit Hilfe eines geschätzten Liefergrads kann man voraussagen, wieviel Luft ein zu konstruierender Motor aufnehmen wird.

Wenn von einem Motor das Volumen $V'_H = \lambda_l V_H$ angesaugt wurde, heißt das jedoch nicht, daß genau dieselbe Menge der Verbrennung zugeführt wird. Denn ein Teil geht vorher durch die Verdichtungsraumspülung und die Undichtheit der Kolben verloren; andererseits kann in nicht ausgespülten Abgasresten noch Luft zusätzlich vorhanden sein.

Bild 3 zeigt die Zone, in welcher die Liefergrade meist liegen. Die Abszisse ist die mittlere Kolbengeschwindigkeit c_m, s. Abschnitt H 5. Bei einem bestimmten Motor kann man sich an ihrer Stelle einfach die Drehzahl denken. Im allgemeinen nimmt der Liefergrad mit steigender Drehzahl ab, weil mit zunehmender Gasgeschwindigkeit die Drosselung in den Ventilen und Leitungen größer wird; vergl. H 5 Schluß. Doch kann es auch vorkommen, daß in einem bestimmten Drehzahlbereich das Gegenteil eintritt, s. die gemessene Kurve x [nach 3]; dynamische Vorgänge im Saugrohr sind die Ursache, wie in F 3 kurz (Spätschluß des E-Ventils) und in F 12 etwas ausführlicher beschrieben.

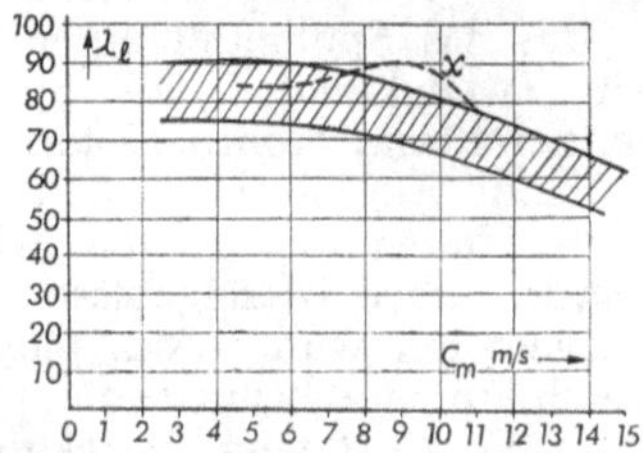

Bild 3. Zone des Liefergrads abhängig von der mittleren Kolbengeschwindigkeit $c_m = s \cdot n/30$. — Bei Nennlast.

Der Liefergrad des Saughubs λ_l ändert sich nicht nur mit der Drehzahl, sondern auch mit der Belastung p_e. Bei Dieselmotoren wird er mit abnehmender Belastung etwas größer, weil die Einsaugtemperatur T bei kühlerer Maschine kleiner wird. Bei Ottomotoren mit ihrer Mengenregelung (Begriff s. F 3, kleingedruckter Absatz) wird er bei abnehmender Belastung viel kleiner, weil die Drosselklappe mehr geschlossen wird; auch in Bild 61 erkennbar.

Schrifttum [15—19]. Neue Wege: [82 a].

5. Der Gaswechselvorgang des 2-Takt-Motors (die Spülung). Grundformen a-f von Spülungen

Beim Zweitaktmotor (vergl. Bd. I, Bild 3) beginnt der Ladungswechsel damit, daß einige Zeit vor dem unteren Totpunkt (z. B. 70° Kurbelwinkel vor u. T.) durch den Kolben ein Schlitz unten im Zylinder freigelegt oder daß ein Ventil geöffnet wird, so daß nun die Verbrennungsgase zu einem Teil in die Auspuffleitung entweichen. Danach werden vom abwärtsgehenden Kolben die Spülschlitze freigelegt; durch sie strömt das unter „Spüldruck" stehende Spülmittel in den Zylinder ein, nämlich beim Dieselmotor Luft und beim Ottomotor mit Vergaser Benzin-Luftgemisch; es verdrängt möglichst den Rest der

Verbrennungsgase und füllt als neue Ladung den Zylinder („Spülung"). Der nach dem u. T. wieder aufwärtsgehende Kolben verschließt die Schlitze (bzw. der Nocken das Ventil), und mit dem Abschluß des Zylinders (z. B. 70° nach u. T.) beginnt die Verdichtung.

Um das Spülmittel unter Druck zu setzen, benötigt ein Zweitaktmotor eine Spülpumpe. Dieses sind bei mittleren und großen Motoren Kolbenpumpen oder umlaufende Kapselgebläse (z. B. Roots-G.) oder Kreiselgebläse. Deren Konstruktion wird in Bd. III beschrieben werden; über Kreiselgebläse s. auch G. Bei kleinen Zweitaktmotoren wird jedoch einfach die Zylinderunterseite als Spülpumpe benutzt; diese s. unter F 8 und 9.

Im Vergleich zum Viertaktmotor (s. F 3 letzter Satz) ist es beim Zweitaktmotor schwieriger, den Ladungswechsel erfolgreich durckzuführen, namentlich auch wegen der kurzen zur Verfügung stehenden Zeit. Ein Zweitaktmotor wird praktisch erst brauchbar und kann den Wettbewerb mit dem Viertaktmotor nur dann bestehen oder gewinnen, wenn er eine gute Spülung hat; die Geschichte des Zweitaktmotors beweist das. Daher wurde viel Mühe auf die einzelnen Spülsysteme verwendet, die untereinander recht verschiedene Eigenschaften aufweisen, wie sich im folgenden zeigt.

a) Zweitaktmotor mit Auspuffventil (Gleichstromspülung) Bild 4.

Der Zylinder hat unten Spülschlitze *S*, oben ein Auspuffventil *A* (oder deren mehrere). Bevor der nach der Zündung abwärtsgehende Kolben die gestrichelte Lage erreicht hat, öffnet der Nocken *N* das Ventil *A*; die Verbrennungsgase entweichen durch ihren Überdruck größtenteils in die Auspuffleitung *AL*. Etwas später, wenn der Druck im Zylinder abgesunken ist, beginnt die Oberkante des Kolbens (gestrichelt) die Spülschlitze freizulegen, die über den ganzen Zylinderumfang verteilt sein können. Die vom Spülgebläse *SG* vorverdichtete Luft dringt in den Zylinder ein und schiebt die restlichen Verbrennungsgase nach oben durch das Ventil *A* hinaus. Wenn nach dem unteren Totpunkt (u. T.) der Kolben sich wieder nach oben bewegt, wird meist zunächst das *A*-Ventil vom Nocken geschlossen, bald darauf der Spülschlitz durch den Kolben; dieser bläst also bis zuletzt. Danach beginnt die Verdichtung.

Das *Steuerdiagramm* (Bild 4 unten) zeigt schematisch den Öffnungsquerschnitt *F* des *A*-Ventils und der Spülschlitze über dem Kurbelwinkel φ. Der Punkt *Sa* (Spülschlitz auf) liegt um denselben Winkel φ_s vor dem unteren Totpunkt wie der Schließpunkt *Sz* (zu) nach ihm; z. B. um $\varphi_s = 50°$. Grund: Der Kurbeltrieb ist (mit seltenen Ausnahmen) symmetrisch um die Mittellinie *M-M* gebaut. Im Gegensatz dazu kann das von dem ziemlich beliebig formbaren Nocken *N* bewegte *A*-Ventil „unsymmetrisch" arbeiten; z. B. kann es etwa 70° vor u. T. öffnen (Aa), 45° nach u. T. schließen (Az).

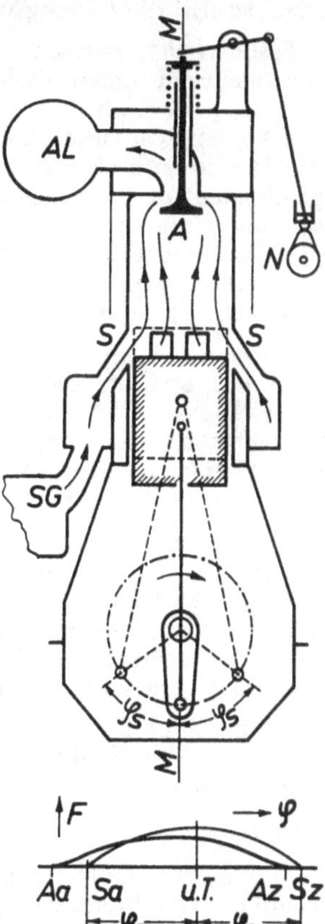

Bild 4. Gleichstromspülung. *A* Auspuffventil, *S* Spülschlitze, *SG* Spülgebläse, *AL* Auspuffleitung. φ Kurbelwinkel, *F* Öffnungsquerschnitt; *a* auf, *z* zu.

Das ganze Steuerdiagramm im Bild wird als „unsymmetrisch“ bezeichnet und bietet vor dem „symmetrischen“ (s. unter c) Vorteile: Bei aufwärtsgehenden Kolben füllt der Spülschlitz bis zuletzt Luft ein, die wegen des schon geschlossenen Auspuffventils nicht mehr entweichen kann, so daß die Ladung vermehrt wird.

Spülwirkung: gut, da im Zylinder alles nur in *einer* Richtung von unten nach oben strömt; „Gleichstromspülung“; der Gedanke, daß die Spülluft, möglichst wenig mit Abgasen verwirbelt, fast wie ein geschlossener Körper die Abgase nach oben drängt und danach allein den (gut gereinigten) Zylinder ausfüllt, wird bei einer Gleichstromspülung einigermaßen verwirklicht. — Gefördert wird die Stabilität und gleichmäßige Querschnittsausfüllung meist durch tangentiale S-Schlitze ähnlich wie in Bild 8; bewirken schraubenförmige Luftbewegung nach oben.

Erwärmung: Schlitze kühl, Kolbenboden durch Berührung mit Spülluft etwas gekühlt. Auspuffventil durch heiße Abgase erwärmt, und zwar stärker als beim Viertaktmotor, da bei Zweitakt bei *jeder* Umdrehung ein Auspuffvorgang; mit den heutigen Ventilstählen und bei geeigneter Konstruktion noch beherrschbar.

Bauaufwand: Beträchtlich, da das Auspuffventil einen Antrieb mit Nocken, Stößeln und Hebeln braucht, ähnlich wie beim Viertaktmotor. Da die Öffnungsdauer des Ventils kürzer ist als beim Viertaktmotor, ist es auch schwieriger, den benötigten Zeitquerschnitt bei zulässigen Beschleunigungen aufzubringen.

Verbreitung: Diese Bauart, besser spülend, aber aufwendiger als die Schlitzspülmotoren (c), hat eine ziemlich große Verbreitung gefunden. Vergleich mit c s. [3, 30, 84].

b) Zweitaktmotor mit Spülventil (Gleichstromspülung).

Ähnlich dem Motor nach Bild 4, jedoch dient jetzt das Ventil der Zuführung der Spülluft, die nach unten strömt; Schlitze sind Auspuffschlitze. Ventil kühl, Kolben wärmer als bei a). Führung der durch Ventil eintretenden Spülluft im Zylinder schwieriger als bei Lufteintritt durch Schlitze. Spülventilmaschinen werden nach dem Wissen des Verfassers nicht mehr gebaut.

c) Zweitaktmotor mit unten angeordneten Schlitzen (Schleifenspülung). Bilder 5, 14 und 15.

Es sind keine Ventile, sondern nur Schlitze im Unterteil des Zylinders vorhanden. Es gibt mehrere Möglichkeiten für die Anordnung dieser Spül- und Auslaßschlitze, die wegen der Bedeutung der Spülschlitz-Motoren in F 6 noch genauer besprochen werden, s. dort Bild 14 und 15. Hier sei als Beispiel die sog. Querspülung nach Bild 5 betrachtet: Bei abwärtsgehendem Kolben werden zuerst

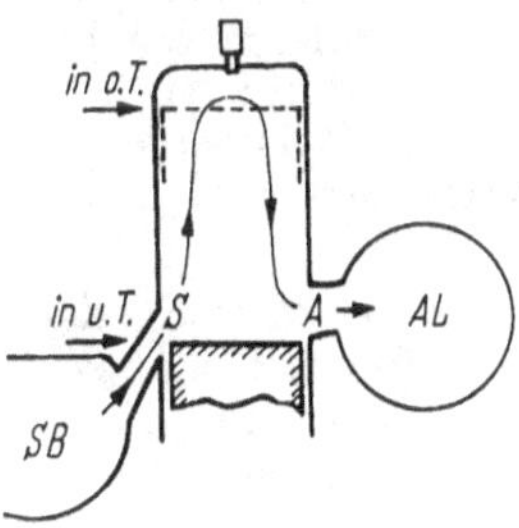

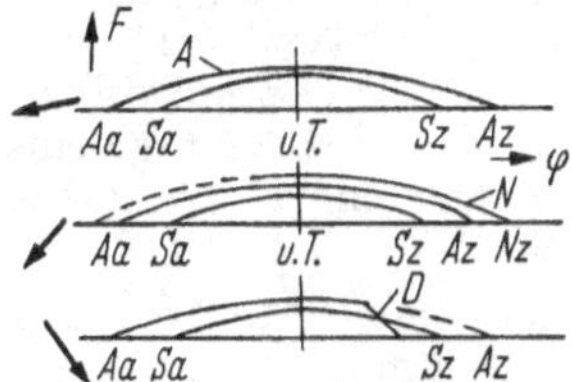

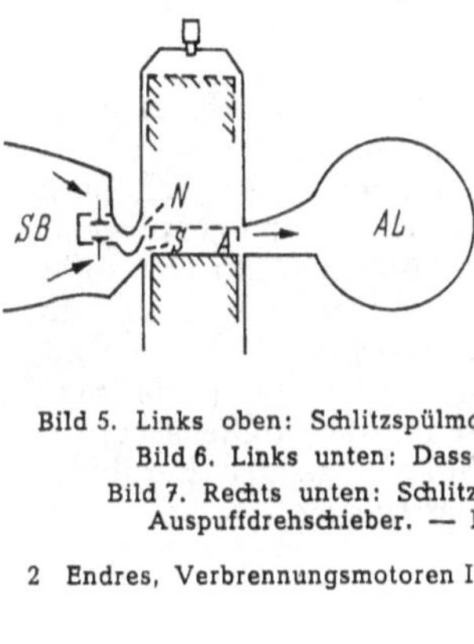

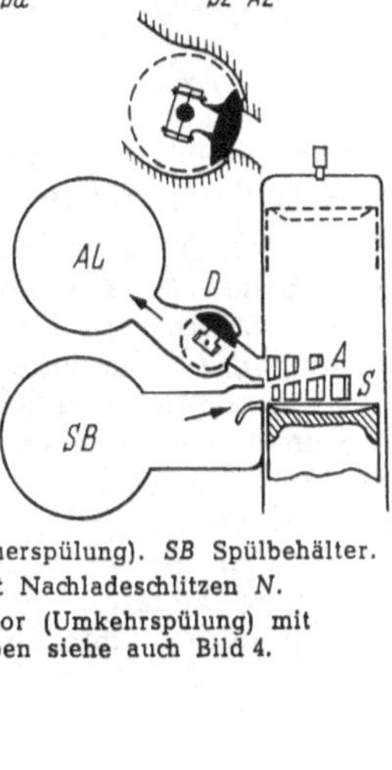

Bild 5. Links oben: Schlitzspülmotor (Querspülung). *SB* Spülbehälter.
Bild 6. Links unten: Dasselbe mit Nachladeschlitzen *N*.
Bild 7. Rechts unten: Schlitzspülmotor (Umkehrspülung) mit Auspuffdrehschieber. — Buchstaben siehe auch Bild 4.

die Auslaßschlitze *A*, dann die Spülschlitze *S* geöffnet; die Oberkante der letzteren liegt also tiefer als die der ersteren. Der Spülstrom steigt an einer Wand in die Höhe, wird am Zylinderkopf waagrecht umgeleitet, und verläuft an der anderen Wand nach unten zum Auslaßschlitz. Dieser schleifenförmige Verlauf mit Umlenkungen ist charakteristisch für alle diese Spülsysteme mit untenliegenden *A*- und *S*-Schlitzen („Schleifenspülung").

Das *Steuerdiagramm* (rechts das oberste) kann, da es sich um Schlitze handelt, nur symmetrisch sein, entsprechend der unter a) beim Steuerdiagramm (Bild 4) getroffenen Feststellung über die Symmetrie des Kurbeltriebs. Der Nachteil eines symmetrischen Steuerdiagramms ist, daß bei aufwärtsgehendem Kolben zuerst der Spülschlitz geschlossen wird, der damit zu blasen aufhört. Danach ist der Auslaßschlitz noch offen, durch ihn kann etwas von der vorher eingebrachten Zylinderladung wieder abströmen, bis auch er geschlossen wird. S. F 7 und 9.

Spülwirkung: Mäßig gut (Bild 23); der Wunsch, daß das Spülmittel, in sich geschlossen bleibend, die Abgase vor sich hertreibend verdrängen und dann den gut gereinigten Zylinder allein ausfüllen möge, wird wegen der Umlenkungen und Verwirbelungen bei der Schleifenspülung weniger vollkommen erfüllt als bei der Gleichstromspülung. Näheres s. F 6 d.

Erwärmung: Alle Schleifenspülungen neigen dazu, die eine Seite des Zylinders stärker zu erwärmen als die andere; wärmer wird die Seite, auf der die Auspuffschlitze liegen, kühler die andere, an der der frische aufsteigende Spülstrom entlangstreicht. Man kühlt deshalb von außen die erstgenannte Seite häufig kräftiger; z. B. beim luftgekühlten Motor bläst man vorzugsweise die Auspuffseite mit der Kühlluft oder dem Fahrwind (Bild 20) an. Stegkühlung s. Seite 32. — Erwärmung des Kolbens bei den einzelnen Bauarten je nach überwiegender Berührung mit Spülmittel oder Abgasen verschieden.

Bauaufwand: Keine Ventile, daher einfache Zylinderdeckel; kein Ventilantrieb, keine Steuerwelle. *Zweitaktmotoren mit Schlitzspülung sind die einfachsten Verbrennungsmotoren, die es gibt.*

Verbreitung: Weitaus die meisten Zweitaktmotoren, sowohl Otto- als auch Dieselmotoren, gehören dieser Gruppe an.

d) Zweitaktmotor mit wie bei c unten angeordneten Schlitzen (Schleifenspülung), ergänzt durch Nachladeschlitze oder Drehschieber im Auspuffkanal. Bilder 6 u.7.

Diese Zusatzeinrichtungen bewirken, daß das Steuerdiagramm auch bei einem Schlitzspülmotor unsymmetrisch wird, daß also der Zylinder des Dieselmotors am Ende des Spülvorgangs noch mit Spülluft aufgeladen wird.

Bei Bild 6 ist über dem Spülschlitz *S* noch ein Nachladeschlitz *N* vorgesehen. *S* und *N* erhalten Spülluft vom Spülluftbehälter *SB*, aber *N* nur, sofern die schematisch eingezeichneten Ventile offen sind. Bei Abwärtsgang des Kolbens und Freilegung von *N* und *S* drückt der im Zylinder noch vorhandene Druck der Verbrennungsgase die Ventile auf ihren Sitz, so daß Schlitz *N* abgesperrt bleibt. Wenn später der Druck im Zylinder durch Ausströmen der Gase durch die Schlitze *A* in die Auslaßleitung *AL* gesunken ist, drückt die Spülluft die Ventile auf; die Spülluft tritt nun durch *S und N* in den Zylinder ein. Auch wenn der danach aufwärtsgehende Kolben Spül- und Auslaßschlitze wieder überdeckt hat, bleibt *N*, dessen Oberkante höher als die von *S* liegt, noch zunächst frei, und die durch *N* jetzt eintretende Spülluft füllt den Zylinder auf. Dies ist eine von der Firma Sulzer in Winterthur vielfach angewendete Anordnung.

Bei Bild 7 sitzt im Auslaßkanal zwischen Zylinder und Auspuffleitung ein Drehschieber *D*, der von der Kurbelwelle aus z. B. mit Hilfe einer Kette mitbewegt wird. Der Spülvorgang verläuft bis gegen das Ende zu wie bei Bild 14, unbehindert durch den bis dahin stets geöffneten Schieber. Einige Zeit bevor der aufwärtslaufende Kolben die Spülschlitze schließt, versperrt der Drehschieber *D* den Auslaßkanal, s. Nebenskizze. Damit füllt die Spülluft, solange der Spülschlitz noch offen bleibt, den nunmehr abgeschlossenen Zylinder auf. Dies ist eine von der MAN (Maschinenfabrik Augsburg-Nürnberg) verwendete Anordnung; bei nicht aufgeladenen Motoren.

e) Gegenläufiger Zweitakt (Gleichstromspülung) Bild 8, 9.

Es sind keine Zylinderdeckel vorhanden; vielmehr ist der lange Zylinder oben und unten durch einen Kolben abgeschlossen. Die Kolben bewegen sich (fast) gegenläufig, d. h. sie laufen (fast) gleichzeitig aufeinander zu und entfernen sich voneinander wieder (fast) gleichzeitig. Dadurch haben diese Motoren für jeden einzelnen Zylinder einen guten Massenausgleich (Bd. III). Im inneren Totpunkt bildet sich zwischen den Kolben der Verdichtungsraum, der, da er sich aus dem zu jedem Kolben zugehörigen Anteil zusammensetzt, etwa doppelt so hoch ist wie der eines gewöhnlichen Motors, was bei Dieselmotoren die Strahlausbreitung und Verbrennung begünstigt. Wenn sich die Kolben am Ende des Dehnungshubs den äußeren Totpunkten nähern, überschleift zuerst der in Bild 8 untere eine Gruppe von Auslaßschlitzen *A*, die hier auf dem ganzen Zylinderumfang untergebracht werden können. Nachdem der Druck im Zylinder entsprechend abgesunken ist, öffnet der obere Kolben die Spülschlitze *S*; die aus ihnen austretende Spülluft durchströmt im Gleichstrom den ganzen Zylinder nach unten; durch tangentiale Richtung der Spülschlitze (Bild darunter) macht sie zugleich eine um die Zylinderachse kreisende Bewegung, wodurch der Luftstrom stabil wird und den ganzen Querschnitt des Zylinders gleichmäßig ausfüllt. Wenn die Kolben wieder nach innen laufen, schließen zuerst die Auspuff-, danach die Spülschlitze; daher entsteht ein unsymmetrisches Steuerdiagramm mit Nachfüllung von Spülluft am Ende des Vorgangs. Um diese Arbeitsweise hervorzubringen, sind die die Kolben bewegenden Kurbeln nicht um genau 180° gegeneinander versetzt, sondern die auspuffseitige Kurbel eilt der spülseitigen etwas voraus. Schließlich Verdichtung der Luft zwischen den aufeinander zulaufenden beiden Kolben.

Spülwirkung: hervorragend gut, da Gleichstrom und Nachfüllung.

Erwärmung: Der Kolben auf der Auslaßseite wird wärmer als der andere. Zylinder im bezug auf seine Achse symmetrisch erwärmt.

Bauaufwand: Groß, weil der obere Kolben ein seine Leistung aufnehmendes Triebwerk erhalten muß, das zu dem dazukommt, das am unteren Kolben wie bei jedem anderen Motor vorhanden ist. Entweder man läßt wie in Bild 8 den oberen Kolben über Gestänge, Kreuzkopf und Pleuelstange auf die unten liegende Kurbelwelle (die je Zylinder 3 Kurbeln hat) wirken; oder man gibt wie in Bild 9

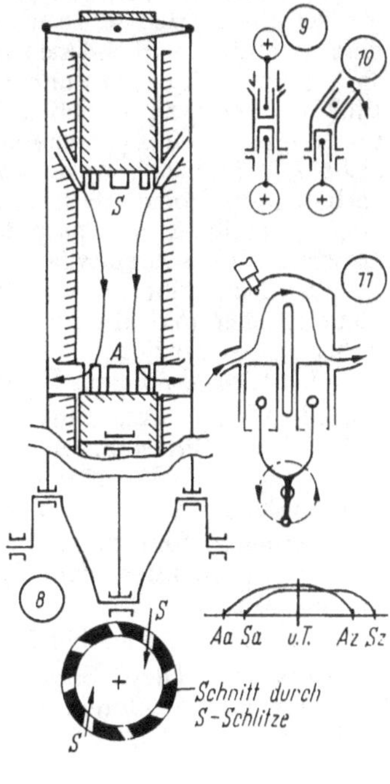

Bild 8, 9, 10, 11. 8 Doppelkolbenmotor mit 1 dreifach gekröpften Kurbelwelle. 9 Doppelkolbenmotor mit 2 Kurbelwellen. 10 Umwandlung desselben in U-Motor. 11 U-Motor. — Steuerdiagramm für alle diese Motoren passend.

dem oberen Kolben eine eigene, oben liegende Kurbelwelle, welche durch Zahnräder mit der unteren verbunden wird.

Verbreitung: Diese Bauart wurden in Deutschland als Dieselmotor insbesondere von Hugo Junkers zu hoher Vollendung durchgebildet. Z. Z. vereinzelte Bauarten in einigen Ländern; in England werden von der Firma Doxford und ihren Lizenznehmern Großdieselmotoren gebaut.

f) Zweitaktmotor mit U-förmigem Verbrennungsraum. Bild 9 und 10.

Man stelle sich vor, daß man beim Motor nach Bild 9, um das obere Triebwerk nach unten zu verlegen und mit dem dort schon vorhandenen zu vereinigen, den Zylinder in seiner Mitte so umbiegt, wie in der Skizze Bild 10 zu ersehen, so daß schließlich die an ein verkehrtes *U* erinnernde Zylinderanordnung nach Bild 11 entsteht. Die Kolben bewegen sich (fast) gleichzeitig beide nach oben und beide nach unten; jedoch sorgt meist eine kleine Voreilung des auspuffseitigen Kolbens für ein unsymmetrisches Steuerdiagramm. Um diese Bewegung zu erreichen, gibt es verschiedene Anordnungen von Pleuelstangen und Kurbeln; diese sind wesentlich einfacher als bei der gegenläufigen Maschine, aber bezüglich des Massenausgleichs am Einzelzylinder schlechter.

Spülwirkung: Nicht ganz so gut wie die Gleichstromspülung des Bildes 8; etwas verschlechtert durch den engen und zu Wirbeln Veranlassung gebenden Verbindungskanal zwischen den Zylindern.

Erwärmung: Ähnlich wie beim Motor nach Bild 8. Die Trennwand zwischen den Zylindern muß ausreichend gekühlt werden.

Bauaufwand: Gegenüber Bild 8 wesentlich verkleinert.

Verbreitung: Diese Bauweise wird in einigen Fällen bei kleinen Ottomotoren, z. B. Motorradmotoren, angewendet.

6. Der örtliche Verlauf der Schleifenspülung im Zylinder. Querspülung, Umkehrspülung. Modellversuche, Erfahrungen, Praktisches.

Die Aufgabe, einen nur mit Schlitzen ausgerüsteten Zylinder (ähnlich dem Bild 5) zu spülen, d. h. die Abgase auszutreiben und dafür eine große Frischladung einzubringen, ist von vornherein an die Notwendigkeit gebunden, mit einer *bescheidenen Menge an Spülmittel* auszukommen; Spülaufwand *k* siehe F 10a. Dafür gibt es viele Gründe: Die Spülschlitze können nicht sehr groß gemacht werden, weil sonst für das *über* den Schlitzen liegende Zylindervolumen, das für die Ladungsmenge und damit die Leistung maßgebend ist, zu wenig übrig bleibt (F 10b). Die Zeit der Öffnung der Spülschlitze ist dann nur kurz (z. B. 100° Kurbelwinkel). Die Geschwindigkeit des eintretenden Spülmittels ist beschränkt, weil man sonst einen zu hohen Spüldruck und damit zuviel Gebläseleistung benötigt (F 11). Selbst wenn man entgegen diesen Gründen viel Spülmittel durch den Zylinder hindurchbrächte, würden Nachteile eintreten: Bei großen Zweitaktmotoren, die heute meistens aufgeladen werden (G 3), würde das Auspuffgas durch die viele Spülluft zu sehr abgekühlt und damit die Leistung der Abgasturbine niedriger. Bei Ottomotoren, die mit brennbarem Gemisch gespült werden, würde zuviel von diesem unverbrannt und die Geruchsbelästigung vermehrend in die Auspuffleitung geraten.

Alles kommt also darauf an, daß man dem knappen in den Zylinder eintretenden Spülmittel eine zweckmäßige, die Spülung fördernde Richtung gibt.

Zwei Fehler muß man vor allem vermeiden: Der Strom des Spülmittels (Gemisch beim Otto-, Luft beim Dieselmotor) darf nicht einfach den kürzesten Weg vom Spülschlitz zum Auslaßschlitz nehmen („Kurzschlußspülung“), weil er dann nur gewissermaßen ein Loch durch die Abgase hindurchbohren und diese, statt sie zum Auslaß hinauszudrängen, größtenteils im Zylinder belassen würde. Die andere Gefahr ist die, daß das Spülmittel im

Zylinder sich mit den Abgasen vermengt und nun kein reines Abgas, sondern das jeweilige Gemenge aus dem Auslaßschlitz entweicht; zwar würde allmählich das Gemenge im Zylinder einen immer größeren Anteil an Spülmittel enthalten, aber erst nach Einblasen einer großen Spülmittelmenge einen genügenden; so viel Spülmittel können wir aber nicht aufwenden („Verdünnungsspülung"). — Es ist daher anzustreben, den Spülstrom auf einem ausreichend langen Weg durch den Zylinder zu führen und ihn möglichst geschlossen zu halten, damit er mit seiner Front die Abgase vor sich her zu den Auspuffschlitzen schiebt. Dieser Gedanke mag manches Anfechtbare und Unerfüllbare in sich bergen; als zielsetzende Vorstellung bleibt er aber zweckmäßig.

Bild 12 zeigt eine „*Querspülung*" (ähnlich dem Bild 5), bei der das Spülmittel von links nach rechts durch den Zylinder strömt. Würden die Spülschlitze die Richtung I haben, so würde man eine „Kurzschlußspülung" (gestrichelt) erhalten; die Abgase oberhalb würden durch die Reibung an der Spülstromoberseite in eine umlaufende Bewegung versetzt, aber in ihrer Hauptmenge im Zylinder bleiben. Man muß deshalb bei Querspülungen eine ziemlich steile Eintrittsrichtung II wählen (Winkel ϑ

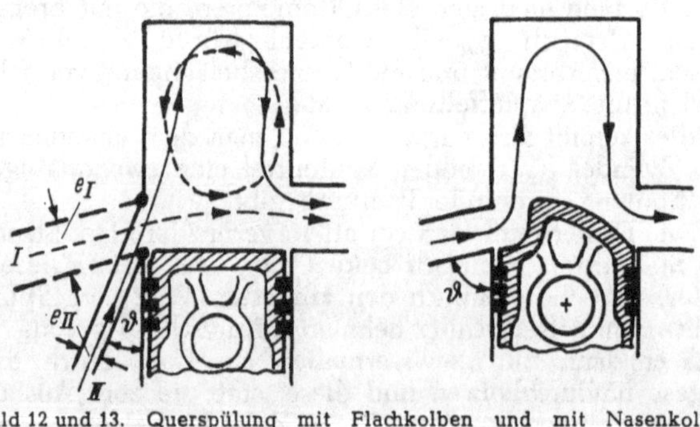

Bild 12 und 13. Querspülung mit Flachkolben und mit Nasenkolben. Bei Bild 12 zeigt I (gestrichelt) eine „Kurzschlußspülung", II eine brauchbare Spülung.

klein); dann erhält man eine ziemlich gute (ausgezogen gezeichnete) Durchspülung, in dieser Form auch Hochspülung genannt. Wenn bei Verkleinerung von ϑ die Eintrittspunkte beibehalten werden, wird der Spülkanal allerdings enger (e_{II} kleiner als e_I), was ein Nachteil ist.

Wenn man bei der Querspülung einen „Nasenkolben" nach Bild 13 verwendet, kann man das Spülmittel mit einem großen Winkel ϑ und großem e in den Zylinder einführen und trotzdem bei geeigneter Form der Nase

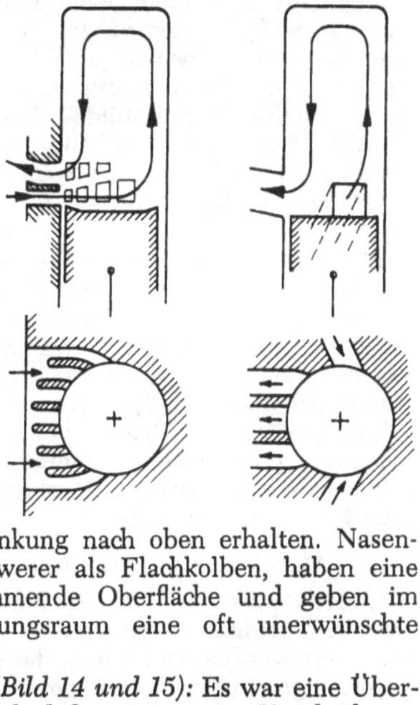

Bild 14 und 15. Umkehrspülungen. Links MAN-, rechts Schnürle-Spülung. Unten Schnitt in Ebene der Spülschlitze.

eine genügende Ablenkung nach oben erhalten. Nasenkolben sind aber schwerer als Flachkolben, haben eine größere wärmeaufnehmende Oberfläche und geben im o. T. dem Verbrennungsraum eine oft unerwünschte Form.

Umkehrspülungen (Bild 14 und 15): Es war eine Überraschung, als man fand, daß man eine im Vergleich zur Querspülung meist verbesserte Wirkung (Bild 23) erzielt, wenn man den austretenden Spülstrom in einer zum eintretenden entgegengesetzten Richtung (Umkehr) den

Zylinder wieder verlassen läßt. Zwei wichtige Ausführungsformen sind die *MAN-Spülung* (Maschinenfabrik Augsburg-Nürnberg) und die *Schnürle-Spülung.* Bei ersterer (Bild 14) liegen die Auspuff- und Spülschlitze auf derselben Zylinderseite übereinander. Der Lauf des Spülstromes geht aus der Zeichnung hervor. Bei einer Spielart davon, die häufig angewendet wird, liegen (siehe Bild) die Oberkanten der seitlichen Spülschlitze höher als die der mittleren, so daß die seitlichen Spülschlitze früher geöffnet werden; damit wird die Zylindermitte, die bei vielen Spülsystemen zur Bildung eines wenig gereinigten toten Raums (s. Bild 17, 18) neigt, besser gespült. Für Dieselmotoren verwendet. Kombination mit Auspuffdrehschieber s. Bild 7. Bei der *Schnürle-Spülung,* die sehr häufig für Otto- und Dieselmotoren verwendet wird, tritt nach Bild 15 das Spülmittel seitlich in den Zylinder ein; die Spülschlitze sind etwas nach oben und im Grundriß ziemlich tangential gerichtet.

Diese Beschreibung von Systemen der Schleifenspülung erhebt keinen Anspruch auf Vollständigkeit. Aber von den so zahlreichen Systemen, die es gegeben hat [3, 6, 22, 29, 31], haben sich doch nur wenige so bewährt, daß sie erhalten geblieben sind, darunter namentlich die genannten und ihre Spielarten. Der folgende Abschnitt soll zeigen, wie man beim komplexen Problem der Zweitaktspülung zu einigen Erfahrungen gekommen ist und soll beleuchten, warum nur wenige Spülsysteme sich als brauchbar erwiesen haben.

Modellversuche, Erfahrungen, Praktisches

a) Modellversuche: Viele Spülsysteme sind an Spülungsmodellen entdeckt, wohl alle an solchen entwickelt und verfeinert worden; wenn man die so gefundenen Schlitzanordnungen in Zweitaktmotoren verwirklichte, bestätigte der Motorenversuch meist das Ergebnis des Modellversuchs. Einfache flache Wasserbecken, in denen der Längsschnitt durch den Zylinder (z. B. Bild 12 bis 15) mit seinen Schlitzen und dem Kolbenboden nachgeahmt wird und durch die man einen Wasserstrom hindurchleitet, geben schon ein im wesentlichen richtiges Bild des Spülungsverlaufs, obwohl es sich hier um eine zweidimensionale, im Motorzylinder aber um eine dreidimensionale Strömung handelt. Dreidimensionale, also die richtigen Zylinderformen nachahmende Modelle ergeben aber ein noch vollkommeneres Bild; man hat sie mit Wasser betrieben, wobei man auf einigermaßen mechanisch ähnliche Strömung achten soll (Reynold'sche Zahl ungefähr wie im Motor); mit Luft betrieben (was große Luftmengen erfordert), lassen sich mit Hilfe von eingebrachten Wollfähnchen und Staurohren recht brauchbare Beobachtungen machen. Die Wirklichkeitstreue wird noch weiter gesteigert, wenn man den Kolben im Modell mit Hilfe einer Kurbel oder eines Nockens bewegt, so daß auch zeitlich nacheinander alle Zwischenzustände sich so einstellen wie in Wirklichkeit; s. die Versuche von Wille [32] und Kluge, v. Sanden und Spannhake [24], Bild 17. Einen Überblick über viele solche Versuche, auch solche von ihm selbst und von seinen Mitarbeitern durchgeführt, s. List [3, Teil 2].

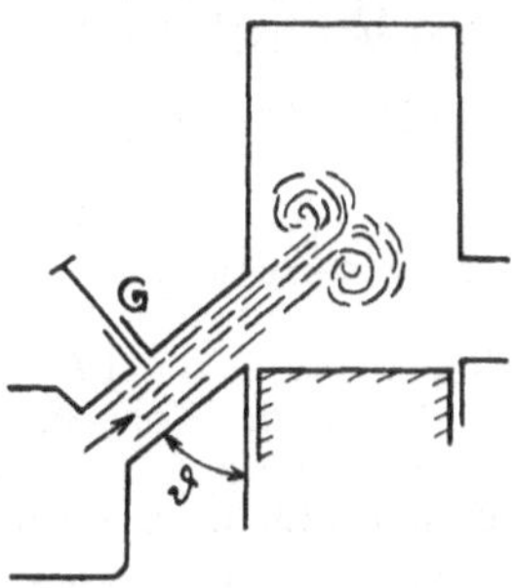

Bild 16. Schematisches Verhalten eines Strahls, der kurz nach Öffnen des Schiebers G in den Zylinder eintritt

b) Der in den Zylinder frei eintretende Spülstrahl: Ein Modellversuch, der schon mit einem einfachen Wasserbecken durchführbar ist und mit den sonstigen Erfahrungen der Hydrodynamik übereinstimmt, zeigt folgendes: Wenn man in Bild 16 durch plötzliches Öffnen des

Schiebers G einen Spülstrom in den mit ruhendem Wasser bzw. Luft gefüllten Zylinder eintreten läßt, nimmt der eintretende Strahl die im Bild 16 angedeutete Form an. Der Strahl wird durch den Zusammenstoß mit den noch ruhenden Teilchen des Zylinders verlangsamt, namentlich seine äußeren Teile werden durch die Reibung an der umgebenden Luft, die erst allmählich von ihnen mitgenommen wird, verzögert. Damit entsteht am Rand des Strahls eine im Vergleich zum schnelleren Strahlkern langsamere Bewegung; relativ zum Strahlkern strömen die Randteilchen rückwärts; es entsteht am Rand eine Zone von Wirbeln, im zweidimensionalen Modell je ein Wirbel rechts und links des Strahls. Von diesen Wirbeln ist derjenige, der auf der Seite der Auslaßschlitze liegt, im allgemeinen nicht schädlich, weil er dem Spülmittel eine Richtung erteilt, die es im Laufe der weiteren Spülung an sich einschlagen muß. Der Wirbel auf der entgegengesetzten Seite ist aber von Nachteil; denn für ihn gibt es keinen Weg zu den Auslaßschlitzen, der nicht in Kollision mit dem Spülstrahl und zu dessen Störung führen würde; es ist am besten, wenn man sein Entstehen verhindert.

c) Wandführung des aufsteigenden Spülstroms: Diese Wirbelbildung verhindert man am einfachsten, indem man den aus den Spülschlitzen eintretenden Strahl mit kleinem Winkel nahe an einer Zylinderwand steil nach oben führt, siehe die Querspülung II in Bild 12. Auch bei den Umkehrspülungen ist es die Regel, den Strahl nahe an der Wand nach oben zu leiten, so daß wohl gegen das Zylinderinnere zu ein Wirbel entstehen kann, aber nicht auf der anderen Seite des Spülstromes.

Dieselbe Maßnahme empfiehlt sich noch aus einem anderen Grund: Der Lauf des Spülstroms muß stabil sein. Stabil nennt man in der Physik einen Zustand, bei dem dann, wenn er von außen gestört wird, die Tendenz auftritt, wieder zur ursprünglichen Ordnung der Dinge zurückzukehren (Gegensatz: labil, wenn bei einer Störung eine Tendenz zum dauernden Abweichen vom ursprünglichen Zustand auftritt). Ein Spülstrom soll seinen vorgeschriebenen Weg auch dann zurücklegen, wenn etwa unregelmäßig ausgefallene Schlitzformen, oder starke

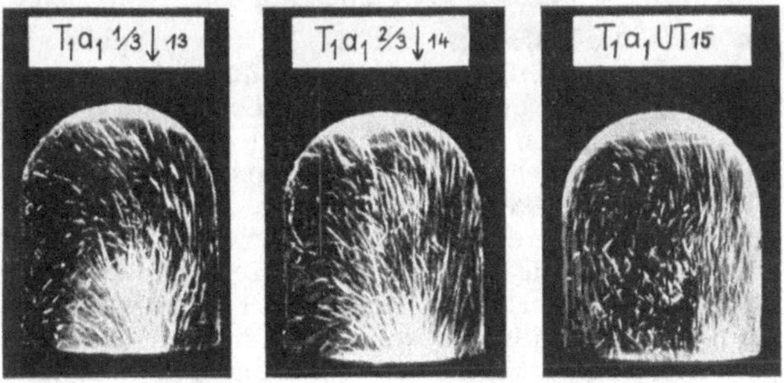

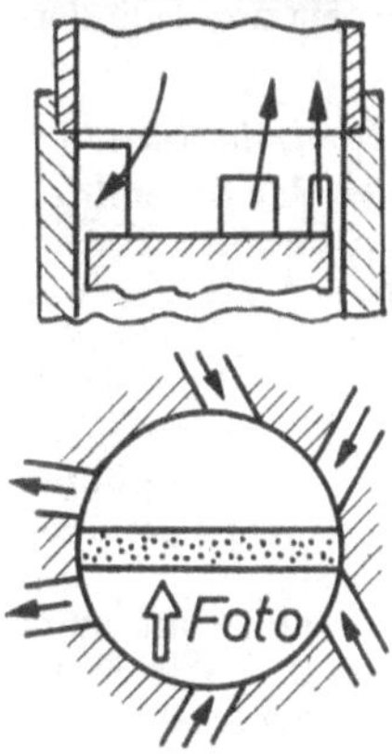

Bild 17. Spülversuch an einem Modell mit laufendem Kolben. Ein Glaszylinder von etwa 70 mm Durchmesser sitzt auf einem hölzernen, die Schlitze enthaltenden Unterteil. 4 Spül-, 2 Auspuff-Schlitze. Beleuchtung nur in punktierter Mittelzone. Aufnahme in Pfeilrichtung. Spülmittel: Luft durchsetzt mit sehr feinen Flocken (Zell-Leim). Spüldruck 0,175 kp/cm². Der Lauf des Kolbens des mit $n = 1200$ U/min betriebenen Modells gibt links das obere Drittel, Mitte die oberen ²/₃, rechts die ganze Spülschlitzhöhe frei.

Turbulenz der nach dem Vorauspuff zurückgebliebenen Gase oder selbst ein Hindernis wie die beim doppeltwirkenden Zweitaktmotor mitten durch den Zylinder verlaufende Kolbenstange ihn stören. Es zeigt sich, daß ein Luftstrom, der einseitig von einer Wand geführt wird, stabiler ist als ein solcher, der ähnlich wie in Bild 16 in einen freien Raum geblasen wird. — Stabilität und Labilität einer Spülung ist an kontinuierlich durchströmten Modellen besonders gut erkennbar.

d) Verschlechterung des Spülstroms durch Umlenkung am Ende des Aufstiegs: Bild 17, an einem Spülmodell [24] aufgenommen, zeigt, daß der *aufwärts* gerichtete Spülstrom wohlgeordnet ist und große Geschwindigkeit hat; namentlich im rechten Bild, in dem der Strom sich an die Wand anlehnt, sind die Lichtspuren konzentriert, parallel und (Geschwindigkeit!) lang. Aber die Umlenkung am Zylinderdeckel tritt erst ganz nahe an diesem ein, zu spät für die gewünschte Verdrängung der Abgase. Der danach zu den Auspuffschlitzen *herab*fließende Strom ist, soweit er sichtbar ist, unregelmäßig, teils nicht parallel und langsam. Diesen Unterschied, hervorgerufen durch die primitive Umlenkung des Stroms am Zylinderdeckel, beobachtet man auch sonst.

e) Mangelhafte Geschlossenheit des Spülmittel-Stroms: Auch bei bewährten Spülsystemen bleibt der Spülmittel-Strom nicht wie wünschenswert ein geschlossener Körper, geeignet als Verdränger des Abgases und als künftige Frischladung. Vielmehr zeigten (Bild 18) Modellversuche, bei denen durch Analyse von Gasproben festgestellt wurde, wie hoch die Konzentration an Spülmittel an verschiedenen Stellen des Zylinders während der Spülung ist [20], daß zwischen Spülmittel und Abgasen eine breite Mischzone entsteht. Namentlich am Beginn der Spülung bohrt sich der noch dünne Spülstrom stark zersplitternd in die Abgase ein; aber auch später findet dauernd ein lebhafter Teilchenaustausch zwischen Spülmittelstrom und Abgasen an dessen Front und Seiten statt. Diese Mischzone muß, um eine gute Frischladung des Zylinders zu erreichen, ziemlich weitgehend ausgeschoben werden; ein Hauptgrund dafür, daß die Spülluftmengen so groß gewählt werden, wie in F 10a angegeben (Größe k).

f) Praktische Ausführung der Schlitze: Spülschlitze müssen mit einer gewissen Genauigkeit ausgeführt werden, da manchmal der Spülstrom auf ungenaue Öffnungsquerschnitte des Schlitzes sowie auf abweichende Form und auf Wandrauhigkeit des vor ihm liegenden Kanalstücks dadurch reagiert, daß er von der gewollten Richtung abweicht. Je nach Art und Größe des Zweitaktmotors werden die Spülkanäle innen teils bearbeitet, teils nur durch Gießen hergestellt. Es bedarf sorgfältiger Überlegung bei der Konstruktion und Fertigung, damit mit einem vertretbaren Herstellungsaufwand gut geformte und im Serienbau untereinander genügend gleiche Spülschlitze entstehen.

Die Schlitze dürfen in der Umfangsrichtung nicht zu breit sein, d. h. der Abstand der Stege zwischen den Schlitzen (s. Bild 14 und 15 unten) darf nicht zu groß

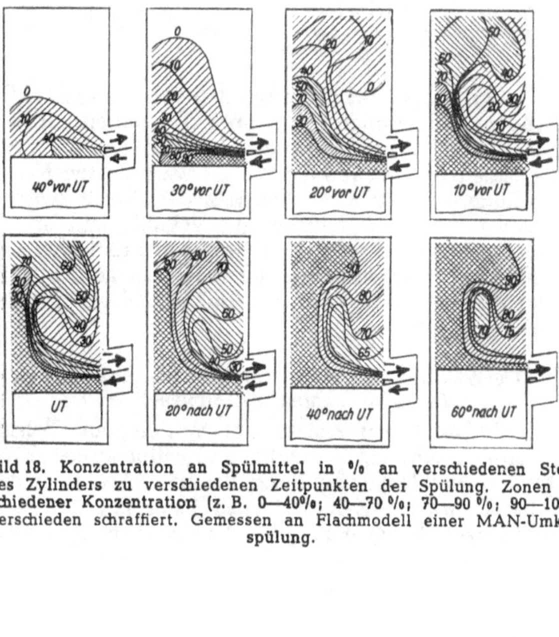

Bild 18. Konzentration an Spülmittel in % an verschiedenen Stellen des Zylinders zu verschiedenen Zeitpunkten der Spülung. Zonen verschiedener Konzentration (z. B. 0—40%; 40—70 %; 70—90 %; 90—100 %) verschieden schraffiert. Gemessen an Flachmodell einer MAN-Umkehrspülung.

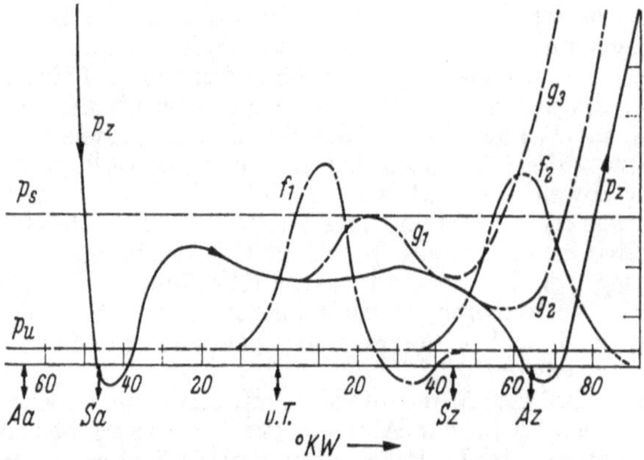

Bild 19. Druck im Zylinder p_z, im Spülbehälter p_s, im Auspuff p_u bei einer großen Zweitaktmaschine. f und g von der Auspuffseite herrührende Störungen. Links über Kurbelwinkel, rechts über unterem Teil des Hubs.

sein; bei zu breiten Schlitzen würden sich die nach außen federnden Kolbenringe, aus ihren Ringnuten zu weit heraustretend, beim Verlassen der Schlitze an deren waagrechten Kanten verfangen. Die waagrechten Kanten der Schlitze sind etwas abzurunden. Die Stege zwischen den Auspuffschlitzen müssen gut gekühlt und an der Lauffläche gut geschmiert sein, was konstruktiv bei kleinen Motoren gewissermaßen nebenbei, bei großen durch eigene Wasserkühlung und zweckmäßig gelegte Schmieranstiche erreicht wird.

7. Der zeitliche Ablauf der Spülung bei einer großen Zweitaktmaschine mit Spülgebläse

Bild 19 zeigt den Ablauf der Spülung am Beispiel eines großen, langsam laufenden und vollbelasteten Zweitaktmotors mit Umkehrspülung Bauart MAN. p_z bedeutet den Druck im Zylinder; man kann ihn über dem Kurbelwinkel (links) oder über dem Kolbenweg (rechts)

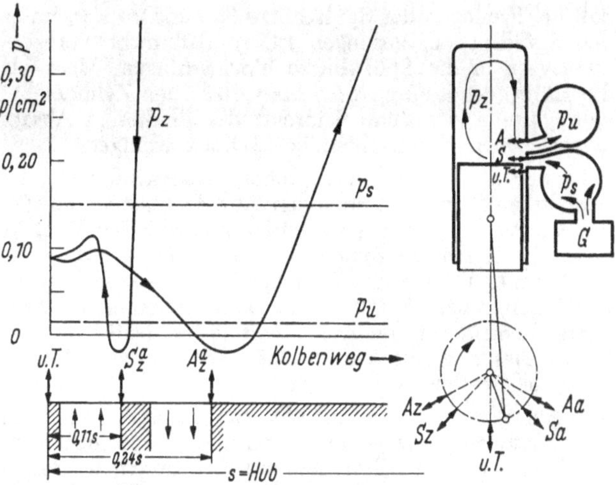

Bild 19. Rechter Bildteil.

auftragen; vergleiche die in Band I Abschnitt A 1 beschriebenen Indikator-Diagramme. Der Spüldruck p_s werde im Spülbehälter, der entsprechend groß ist und von einem Gebläse *G* (Bild rechts) dauernd nachgefüllt wird, auf gleichbleibender Höhe gehalten; der Auspuffdruck p_u bleibe zunächst auch konstant. In Bild 19 bedeutet *A* Auspuffschlitz, *S* Spülschlitz; daneben ein *a* „auf", ein *z* „zu".

Nach der Zündung bewegt sich der Kolben nach unten und legt zuerst die Auspuffschlitze frei *(Aa)*. Da in diesem Augenblick der Zylinderdruck p_z bei belasteter Maschine noch hoch ist, strömen die Gase wegen des zunächst überkritischen Druckverhältnisses p_z/p_u mit Schallgeschwindigkeit in die Auspuffleitung ab. Der Druck im Zylinder sinkt. Die Strömungsgeschwindigkeit im Auspuffschlitz wird kleiner, wenn durch das abnehmende p_z das Druckverhältnis p_z/p_u unterkritisch geworden ist. Die Auspuffschlitze sind so groß bemessen, daß bei Freilegen der Spülschlitze *Sa* der Druck p_z unter den Spüldruck p_s gesunken ist, so daß nicht Verbrennungsgase in die Spülschlitze hineinschlagen. Mehr als die Hälfte des Ladungsgewichts verläßt den Zylinder bei vollbelasteter Maschine während des in diesem Absatz beschriebenen Vorauspuffs; bei Teillast weniger.

Infolge der zuerst mit großer Geschwindigkeit die Auspuffkanäle durchströmenden Abgase entsteht im Zylinder meist eine Nachsaugewirkung (vergl. bei Viertakt Seite 9), die sich im Zylinder in einem bei 45° vor u. T. erscheinenden Unterdruck und allenfalls einer Gegenschwingung (bei 25°) geltend macht. Beim ersten Ausströmen entstand in der Auspuffleitung ein örtlicher Überdruck; dieser erzeugte dort eine nach rechts und links laufende Druckwelle; s. F 12c.

Wenn nun ab etwa 30° KW sowohl Spül- als auch Auspuffschlitze ganz geöffnet sind und die Spülluft vom Spülbehälter in den Zylinder und von diesem wieder in die Auspuffleitung strömt, wird sich im Zylinder ein zwischen p_s und p_u liegender Druck p_z einstellen. Jetzt, bis die Spülschlitze wieder schließen, ist die eigentliche Spülperiode, in der in der Hauptsache die in F 10 u. F 11 genannte Luftmenge durch den Zylinder hindurchgeblasen werden muß.

Wenn die Spülschlitze geschlossen sind (Sz), ist der Zylinder nur noch mit der Auspuffleitung mit ihrem niederen p_u verbunden, so daß die Luft aus dem Zylinder dorthin abströmt und p_z sinkt; schon vor gänzlichem Schließen des Spülschlitzes bei Sz kündigt sich das an; jetzt Nachteil des symmetrischen Steuerdiagramms, s. F 5c.

Die Verdichtung beginnt beim Schließen des Auspuffs (Az); im Bild, das ziemlich einem wirklichen Diagramm nachgezeichnet ist, etwas später. Was bei Az im Zylinder enthalten ist, ist gleichbedeutend mit der Ladung und somit nach F 10b entscheidend für die Leistung des Motors. Mittlere Ladungstemperatur im Punkt *Az* bei Nennlast etwa 400° Kelvin.

Störungen von der Auspuffseite her: Oft verläuft p_z viel unruhiger als gezeichnet. Wenn sich z. B. bei 20° nach u. T. bei g_1 eine Erhebung (strichpunktiert) der p_z-Kurve vorfindet, bedeutet das, daß dort das Druckgefälle $p_s - p_z$ kleiner wird oder verschwindet, infolgedessen die Einströmung der Spülluft vermindert oder unterbrochen wird, so daß wir im ganzen nicht mehr die gewünschte Menge Spülluft durch den Zylinder hindurchbringen. Die Ursache der Erhebung g_1 ist eine Druckerhebung f_1 in der Auspuffleitung (strichpunktiert, von p_u ausgehend), die durch die Auspuffschlitze hindurch den Zylinder aufgefüllt hat. Die Druckwelle f_1 im Auspuffrohr hat wieder ihre Ursache z. B. in einem Vorauspuff-Druckstoß eines anderen Zylinders, s. oben; diese Druckwellen laufen, vom erregenden Zylinder ausgehend, nach in Abschnitt 12c beschriebenen Regeln die Auspuffleitungen entlang, und eine solche Welle f_1 lief etwa 10° nach u. T. am Auspuffkanal des betrachteten Zylinders vorbei.

Wenn statt f_1 eine Welle f_2 in einem *späteren* Zeitpunkt in der Auspuffleitung am Zylinder vorbeiläuft und eine Hebung g_2 des Zylinderdrucks bewirkt, ist das im Gegensatz zum vorigen ein Vorteil. Denn jetzt wird im A_z-Punkt p_z höher, d. h. es ist in diesem für die Größe der Zylinderladung entscheidenden Punkt mehr Luftgewicht im Zylinder. Die Druckwelle f_2 hat gewissermaßen den Auspuffkanal in dem Augenblick versperrt, in dem durch ihn, nach S_z, unerwünschterweise Luft abströmen wollte; u. U. wurde sogar der Zylinder durch Rückverschieben vom Auspuffkanal aus noch nachgefüllt, wobei zu bedenken ist, daß sich am Ende der Spülung in letzterem nicht mehr Abgas, sondern die (allerdings mit Abgasen vermischte) Spitze des Spülluftstroms befindet. Bei Zweitaktmotoren, die nach Zylinderzahl und Kurbelversetzung dafür geeignet sind, lohnt es sich, den Wellenlaufplan (F 12c) so einzurichten, daß diese kostenlose Art der Nachladung des Zylinders eintritt. — Ein Drehschieber im Auspuff nach Bild 7 besorgt die Versperrung des Auspuffkanals mit größerer Gründlichkeit als eine

Druckwelle; Beispiel des Druckverlaufs in diesem Fall s. die g_3-Kurve.

8. Der kleine Zweitaktmotor mit Kurbelkastenpumpe

Bei kleinen Zweitaktmotoren, namentlich Einzylindermotoren, lohnt sich der Anbau eines eigenen Spülgebläses nicht. Man benützt bei ihnen den Kurbelkasten als Spülgebläse. Wenn sich der Kolben 2 nach der Zündung nach unten bewegt, verdichtet er mit seiner Unterseite die im Kurbelkasten 3 befindliche Luft bzw. beim Ottomotor das Luft-Benzin-Gemisch, s. Bild 20. Vom Kurbelkasten führen Kanäle (im Bild verdeckt) nach oben zu den Spülschlitzen 4 (hier oft Überströmschlitze genannt). Diese werden von der Kolbenoberkante etwas vor dem unteren Totpunkt freigelegt; damit wird dem verdichteten Inhalt des Kurbelkastens der Eintritt in den Zylinder freigegeben. Jetzt wird, solange der Vorrat des Kurbelkastens reicht, der Zylinder gespült. Spülsystem meist Schnürlespülung.

Während die Konstruktion der anderen Spülgebläse im Bd. III beschrieben werden soll, muß dies bei den Kurbelkastenpumpen hier geschehen, da diese mit dem Zweitaktmotor zusammen nach Konstruktion und Wirkungsweise ein Ganzes bilden.

Jede Kolbenpumpe muß ein Einlaß- und Auslaßorgan haben. Das letztere besteht in den schon genannten von der Kolbenoberkante gesteuerten Überstromschlitzen 4. Das Einlaßorgan muß während des Saughubs, also hier des Aufwärtswegs des Kolbens, oder am Ende desselben öffnen. Manche Motoren — namentlich kleine Dieselmaschinen — haben in der Kurbelkastenwand ein nach innen öffnendes Klappenventil. Die Klappen — wegen der hohen Drehzahl leicht gebaute Blechlamellen mit Anschlag in Offenstellung — öffnen während des Saughubs durch den dann im Zylinder herrschenden Unterdruck. Bei den besonders hohen Drehzahlen kleiner Ottomotoren ist die Wirkungsweise solcher Lamellen fragwürdig. Manche dieser Motoren haben einen von der Kurbelwelle mit-

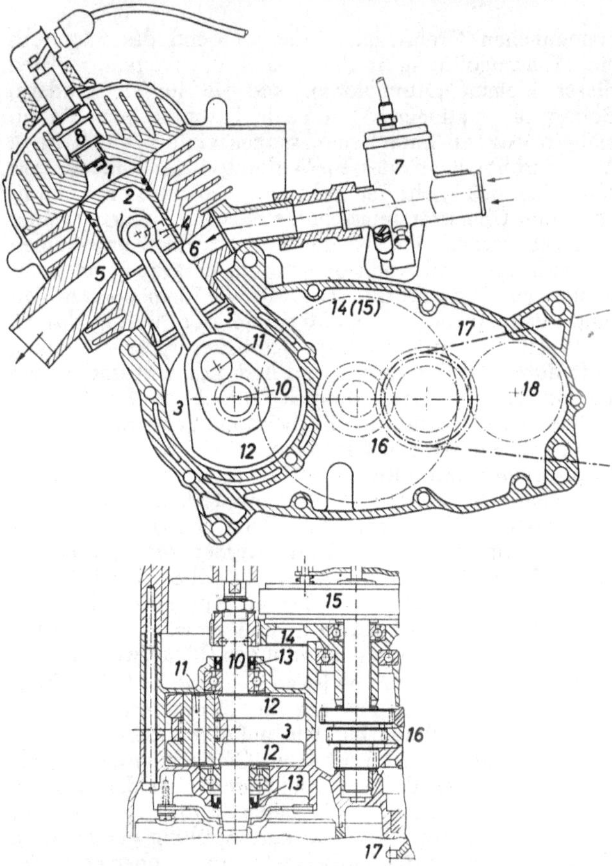

Bild 20. Zweitaktmotor mit Kurbelkastenspülung zum Antrieb eines Moped. D und s etwa 40 mm, V_H etwa 50 cm³: N = 2,6 PS bei n = 4600 Umdr./min. Fahrtrichtung nach links. — Oben: Längsschnitt. Unten: Waagrechter Schnitt in Achse Kurbelwelle.

1 Verbrennungsraum, 2 Kolben, 3 Kurbelkasten, 4 Spül- oder Überström-Schlitz, 5 Auspuffschlitz, 6 Ansaugschlitz, 7 Vergaser mit Anschluß des Gaszugs (oben), 8 Zündkerze, 10 Kurbelwelle, 11 Kurbelzapfen, 12 Gegengewichte, 13 Wellendichtungen, 14 Antriebsrad zu Kupplung und Getriebe, 15 Kupplung, 16 Dreiganggetriebe, 17 Kette und Kettenrad, 18 für Kickstarter und Fußschalthebel.

genommenen Drehschieber. der während des Saughubs eine Einsaugöffnung freilegt. Aber die weitaus meisten dieser kleinen Ottomotoren, wie sie in Motorrädern, Rollern, als stationäre Motoren in Baumaschinen, Rasenmähern usw. zu finden sind, saugen einfach durch einen Ansaugschlitz 6 an, dessen Wirkungsweise folgende ist: Nach dem u. T. geht der Kolben wieder nach oben; nachdem die Überströmungsschlitze 4 vom Kolben wieder verdeckt worden sind, ist der Kurbelraum 3 nach außen abgeschlossen und wenn er sich nun vergrößert, entsteht in ihm ein Unterdruck. Etwa 50° vor dem oberen Totpunkt beginnt die Kolben*unter*kante, den Ansaugschlitz 6 zu öffnen. Jetzt strömt infolge des Unterdrucks von außen Luft durch den Vergaser 7, reichert sich dort mit Benzin an und das brennbare Gemisch füllt, durch den Ansaugschlitz 6 einströmend, den Kurbelraum. Seine Menge wird im Vergaser durch den Gasschieber (beim Wagen Drosselklappe) von Hand mittels des Gaszugs geregelt. Etwa 50° *nach* dem o. T. schließt die Kolbenunterkante wieder den Ansaugschlitz; die Verdichtung des Gemischs im Kurbelkasten beginnt; an deren Ende werden die Spülschlitze im Zylinder freigelegt, womit der oben beschriebene Prozeß wieder beginnt. — Da im Kurbelkasten Unterdruck und Überdruck auftritt, muß er an den Austrittsstellen der Kurbelwellen Dichtungen 13 aufweisen.

Die Kurbelkastenpumpe ist an sich eine schlechte Spülpumpe. Da der Kolben auf der Unterseite natürlich denselben Querschnitt hat wie auf der Oberseite, kann sie bestenfalls so viel Luft bzw. Gemisch ansaugen, als dem Hubvolumen des Arbeitszylinders über dem Kolben entspricht. Wie wir in F 10a sehen werden, würde nicht einmal diese Menge für eine gute Spülung genügen. In Wirklichkeit saugt die Kurbelkastenpumpe aber noch viel weniger an; ihr k (nach 10a) ist nämlich nicht 1, sondern nur 0,7 bis 0,6. Einer der Gründe dafür ist, daß der genannte Ansaugschlitz 6 etwa 25% vom wirksamen Pumpenhub wegnimmt. Ein weiterer, daß eine gute Luftpumpe kühle, die Kurbelkastenpumpe aber z. T.

geheizte Wände hat. Endlich sollte bei einer Luftpumpe das Volumen am Ende des Verdichtunghubs möglichst klein sein; hier ist aber in Gestalt des ganzen Kurbelkastens ein sehr großer „schädlicher" Raum vorhanden; obwohl man diesen so eng macht als möglich (als es nämlich der Platzbedarf der Kurbel 11, 12 erlaubt) und durch große Gegengewichte 12 der Kurbelwelle das unnütze Volumen verkleinert, bleibt er doch zu groß (z. B. im u. T. das zwei- bis dreifache des Hubvolumens); dies erweist sich bei hohen Drehzahlen (nicht bei niederen) als schädlich. Alle dies Gründe bewirken, daß die Kurbelkastenpumpe eine zu kleine Spülmenge fördert, was mäßige Spülung, zu kleine Zylinderladung und damit jenen bescheidenen mittleren Druck p_e zur Folge hat, der aus der Tabelle S. 102 hervorgeht.

Trotzdem, im oben genannten Verwendungsbereich kleiner Leistungen (in Deutschland bis herauf zum Personenwagenmotor) ist der mit Benzin betriebene Zweitaktmotor mit Kurbelkastenpumpe eine gute Maschine, und zwar aus folgenden Gründen:

a) Die kleine Menge des Spülmittels, das ja beim Vergaser-Ottomotor ein Luft-Benzin-Gemisch ist, hat auch ihren Vorteil. Eine reichliche (z. B. $k = 1{,}3$ nach F 10a) würde bedeuten, daß, da sie im Zylinder keinen Platz finden kann, ein großer Teil davon — also einschließlich unverbrannten Benzins — in die Auspuffleitung gespült werden würde; Brennstoffvergeudung und verstärkte Geruchsbelästigung wären die Folge. Sogar bei der tatsächlichen knappen Spülmittelmenge entweicht schon eine nicht unbeträchtliche [27], aber im allgemeinen noch erträgliche Menge Benzins unverbrannt in den Auspuff.

b) Obwohl dieser Zweitaktmotor bei jeder Umdrehung nur etwa die Hälfte eines Viertaktmotors leistet (etwa halbes p_e), ist seine praktische Leistung ungefähr so hoch wie bei diesem, weil er in der Zeiteinheit doppelt so oft zündet (Formel 19 und 20 in H 2).

c) Dieser Zweitaktmotor ist — was sein Hauptvorzug ist — von außerordentlicher Einfachheit. Er besteht nur aus drei Teilen, dem feststehenden Gehäuse (mit seinen Anbauten), der umlaufenden Kurbelwelle, dem hin- und hergehenden Kolben mit Pleuelstange. Diese Einfachheit bedeutet nicht nur geringe Herstellungskosten, sondern auch einfache Bedienung und Unterhaltung. Gerade die Einfachheit ist der Grund seiner weiten Verbreitung.

9. Zeitlicher Ablauf der Spülung beim Kurbelkastenmotor nach 8.

Gegenüber dem Ablauf beim Großmotor (Bild 19) bestehen erhebliche Unterschiede (s. Bild 21 u. 22).

Verschobener Spülbeginn: Beim Kurbelkastenmotor werden die Auspuffschlitze so klein gemacht, daß bei Sa (Spülschlitze auf) der Zylinderdruck p_z mit 1,8 kp/cm² (Beispiel Bild 21) noch viel höher ist als der 0,35 kp/cm² betragende Druck p_k in der Kurbelkammer (Spüldruck). Bei Vollast dringen deshalb Verbrennungsgase in die Spülkanäle (Schwärzung!) und den Kurbelkasten ein, so daß dessen Druck im Bild auf 0,55 kp/cm² steigt. Danach erst, kenntlich am Abfall des p_k, beginnt die Spülung mit kräftigem Überdruck p_k des Kurbelkastens über den Druck p_z des Zylinders. Da jetzt der Spülschlitz schon weit geöffnet ist, tritt ein kräftiger Spülstrahl in den Zylinder ein; er ist weniger in Gefahr sich zu zersplittern, eine Mischzone von Abgasen und Spülmittel zu bilden und dann vorzeitig in den Auspuff zu geraten als die dünnen Strahlen, die sich bei Spülbeginn kurz nach Sa in den noch wenig geöffneten Spülschlitzen bilden würden; s. Bild 18. Dieser Vorteil und der Vorteil, daß niedere Schlitze nicht zuviel von wirksamem Zylindervolumen wegnehmen, überwiegt erfahrungsgemäß den Nachteil der Abgasbeimengung zum Spülmittel.

Spüldruck erschöpft sich während der Spülung: Während beim großen Zweitaktmotor die Spülluft aus einem großen und vom Gebläse ständig nachgefüllten Behälter entnommen wird, der Spüldruck daher konstant bleibt, kommt hier das Spülmittel aus dem kleinen Kurbelkasten; dessen bescheidener Vorrat erschöpft sich während der Spülung, der Spüldruck p_k sinkt auf Null. Da Kurbelkastenmotoren häufig in Fahrzeuge (z. B. Motorräder) eingebaut werden, ist von Interesse, wie sich dieser Vorgang *bei verschiedenen Drehzahlen* abspielt, vergl. die Bilder 21 u. 22: Bei einem solchen für einen großen Drehzahlbereich gebauten Motor erschöpft sich der Spülvorrat bei kleiner Drehzahl ($n = 2500$) bald; in Bild 21 ist der Druck p_k schon im u. T. auf Null abgesunken, also die Spülung beendet. Von da an sind, mangels eines beherrschenden Spüldrucks, die Vorgänge bis Sz und Az dem Spiel der Schwingungen der Gase zwischen Auspuff, Zylinder und Kurbelkasten ausgeliefert, also den Druckschwingungen *f* im Auspuff und den (ihnen nacheilenden) *g* im Zylinder.

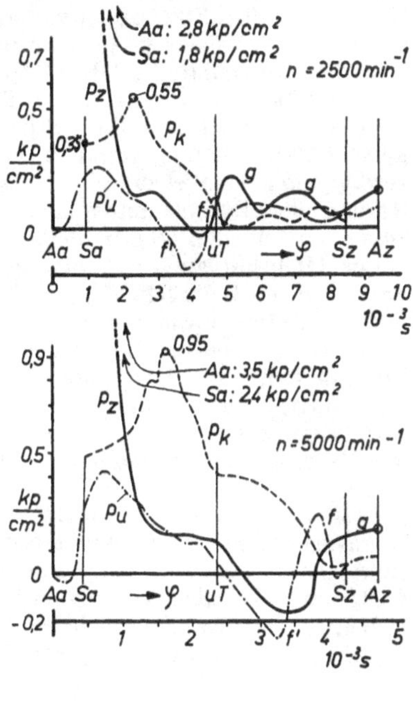

Bild 21 und 22. Druck im Zylinder p_z, in der Kurbelkammer p_k und im Auspuffrohr p_u bei einem kleinen Zweitaktmotor mit Kurbelkasten-Pumpe. Motor: $D = s = 59$ mm; Auspuffschlitz 69°, Spülschlitz 57° vor und nach u. T.; Einlaßschlitz 52° vor und nach o. T.

In Bild 22 ist die Drehzahl im Vergleich zu Bild 21 verdoppelt. Das Rückschlagen der Verbrennungsgase in die Kurbelkammer ist hier noch heftiger, es wird ein Spitzendruck des p_k von 0,95 kp/cm² erreicht. Für die Entleerung der Kurbelkammer wird jetzt ein großer Kurbelwinkel benötigt; man sieht, der Druck p_k ist erst bei Schluß der Spülschlitze (Sz) auf Null abgesunken. Begründung: Als Abzisse ist in beiden Bildern der Kurbelwinkel φ eingetragen; dazu ist aber noch ein Zeitmaßstab in Tausendstel Sekunden. Bis im Bild 21 in der Kurbelkammer der Druck p_k in seinem Spitzenwert (bei Zeitpunkt 2,4) auf Null (bei etwa 5,0) gesunken ist, dauerte es 5,0—2,4 = 2,6 Tausendstel Sekunden. Es ist nach den Gesetzen des Ausströmens von Gasen durch eine Öffnung (Spülschlitze) zu erwarten, daß sich demgegenüber diese Zeitdauer in Bild 22 nicht viel ändern wird, was das Diagramm bestätigt (Spitzenwert p_k bei 1,6, Nullwert bei 4,1, Differenz 2,5 Tausendstel Sekunden). Nach der Formel $\varphi = 6nt$ (Bd. I, A 8) bedeutet eine gleiche Zeit t dann, wenn n verdoppelt wird, einen verdoppelten Winkel φ. Wenn also die Dauer der Entleerung der Kurbelkammer bei beiden Drehzahlen in Sekunden ungefähr gleich bleibt, wird sie sich bei doppelter Drehzahl auf etwa den doppelten Kurbelwinkel erstrecken. — Bei noch höherer Drehzahl würde die abfallende Entleerungskurve p_k sich noch weiter nach rechts verlegen, d. h. bei Schließen des Spülschlitzes wäre der Kurbelkasten noch nicht ganz entleert; gleichbedeutend mit ungenügender Spülung, zu kleiner Frischladung und Nachlassen des mittleren Drucks p_k infolge der für diesen Motor zu hoch werdenden Drehzahl.

Leistungssteigerung durch die Auspuffanlage: Bei Kurbelkastenmotoren kann man diese so gestalten, daß sie zuerst stark nachsaugt und dann den Zylinder gut füllt; s. Bild 22: Auf den Vorauspuff-Überdruck (beim Buchstaben p_u) folgt bei einer solchen Auslegung der Auspuffanlage ein Unterdruck f' (vergl. beim Viertakt F 3 u.

Bild 39); dieser soll noch im Bereich des Spülens auftreten, denn der so entstandene große Abfall gegenüber dem Spüldruck p_k kommt der Intensität des Spülstroms zugute. Jetzt folgt im Auspuff eine Druckwelle f; die durch sie bewirkte Druckerhöhung g im Zylinder vermehrt jetzt bei Az die Ladung des Zylinders (ähnlich wie in Bild 19). — Die so wichtige Auspuffanlage des Zweitaktmotors muß also nicht nur den Auspuffschall gut dämpfen, sondern auch die Vorauspuffwelle als Unterdruckwelle f' reflektieren (s. F 12c), der dann noch eine Druckwelle f folgen soll.

Einiges aus dem *Schrifttum:* [3, 23, 28, 40, 58]

10. Kenngrößen der Zweitaktspülung

a) Luftaufwand k der Spülung.

Die Menge der aufgewendeten Spülluft soll aus den in Abschnitt F 6 eingangs genannten Gründen nur eine mäßige sein, aber doch groß genug, um eine gute Spülung und Ladung zu gewährleisten. Um Schlitzgröße und Spülpumpen berechnen zu können, besteht das Bedürfnis, die Menge des Spülmittels durch eine Meßzahl auszudrücken. Unter Luftaufwand der Spülung oder Spülaufwand k versteht man das Volumen V_s der Spülluft, bezogen auf den Außenzustand, im Verhältnis zum Hubvolumen V_H des Motors.

$$k = V_s/V_H \qquad (3)$$

k wird bei vielen mittelgroßen (nicht aufgeladenen) Zweitaktmotoren etwa gleich 1,5 gewählt; bei großen Maschinen und entsprechend guten Spülverfahren wird auch auf etwa 1,3 heruntergegangen. Wird der Kurbelkasten als Spülpumpe verwendet, kommt man gewöhnlich nur auf etwa 0,7, bei hohen Drehzahlen auf noch weniger, z. B. 0,5; siehe F 8.

Je mehr Spülluft man aufwendet, umso besser ist der Spülerfolg, d. h. umso mehr Frischladung (s. unter b) ist am Ende im Zylinder. Wie diese Beziehung aussieht, zeigt Bild 23. Die Kurve steigt anfangs steil, aber schon in der Gegend von $k = 1{,}5$ langsam, so daß es sich kaum lohnt, den Aufwand an Spülluft über diesen Wert hinaus zu steigern. Umgekehrt ist beim niederen k der Kurbelkastenmotoren keine wirklich gute Spülung zu erwarten.

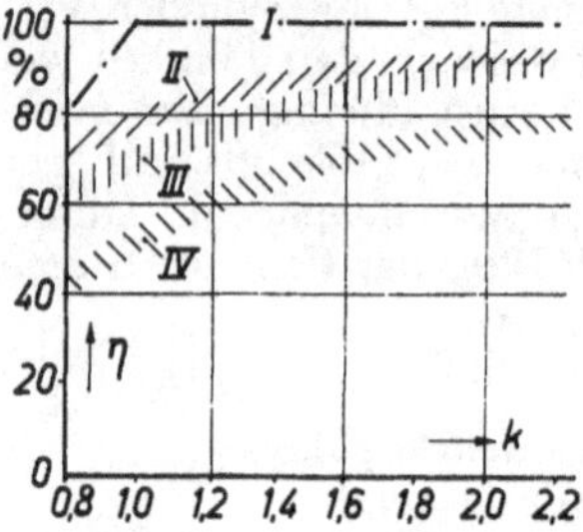

Bild 23. Spülwirkungsgrad bezogen auf den Spülluftzustand vor den Schlitzen, nach Gasprobeentnahme aus Zylindern großer Zweitaktmotoren. I ideale Spülung, II Gleichstrom-, III Umkehr-, IV Quer-Spülung.

Der Luftaufwand k ist leicht zu messen. Beispiel: Einfachwirkender nicht aufgeladener Zweitaktmotor, 6 Zylinder, Zyl.-Durchm. 0,68 m, Hub 1,15 m, also Hubvolumen V_h jedes Zylinders $0{,}68^2 \cdot \pi/4 \cdot 1{,}15 = 0{,}418\ \mathrm{m}^3$. Hubvol. V_H des Motors 2,508 m³. Drehzahl $n = 110$ Umdr./min., Leistung N etwa 3200 PS. Man hat die vom Spülgebläse angesaugte Luftmenge V_s mit Meßdüse, Meßblende oder Luftuhr gemessen; sie betrug 370 m³/min. Ebenfalls in einer Minute war das theoretisch zu füllende Hubvolumen $V = 2{,}508 \cdot 110 = 276\ \mathrm{m}^3$. Daher $k = V_s/V = 370/276 = 1{,}34$. — Umgekehrt, wenn ein Motor bestimmter Abmessungen und Drehzahl gegeben ist, und bei ihm ein bestimmtes k zu erwarten ist, kann man die benötigte Spülluftmenge errechnen.

b) Ladegrad, Spülgrad, Liefergrad und Fanggrad als Zahlen zur Beurteilung des Spülerfolgs.

Gasmengen werden im alten technischen Maßsystem durch das Gewicht G in Kraftkilogramm, im neuen physikalischen „Internationalen System“ durch die Masse m in Massenkilogramm ausgedrückt. Im folgenden sind beide Größen angegeben, die erstere links, die letztere rechts.

Für die Verbrennung und Leistung kommt es auf die zu Anfang der Verdichtung (z. B. bei Schleifenspülungen nach

Bild 5, 14, 15 bei „Auspuff zu“, Az) im Zylinder eingeschlossene Menge an. Nach Bild 24 ist dort eine totale Menge G_t bzw. m_t, die sich aus der durch die Spülung zugeführten Frischladung G_z bzw. m_z und den verbliebenen Abgasen G_r bzw. m_r zusammensetzt; G_z und G_r sind aber im Zylinder vermischt, nicht wie im schematischen Bild 24 getrennt.

$$G_t = G_z + G_r \qquad m_t = m_z + m_r \tag{4}$$

Bei der Spülung muß man *erstens* bestrebt sein, eine möglichst große *Gesamtmenge* G_t bzw. m_t in den Zylinder hineinzubekommen, wobei man es zunächst nicht in der Hand hat, aus welchen Gasen G_t bzw. m_t sich zusammensetzt; *Quantitäts*-Forderung. Nach der Zustandsgleichung für Gase ist

$$G = PV/RT \qquad m = PV/RT \tag{1}$$

(Bezeichnungen s. S. 11)

Bei Verdichtungsbeginn (Az) muß man also (ähnlich wie in F 4) bestrebt sein, den Druck P groß zu machen; z. B. unsymmetrische Steuerdiagramme, oder Kurven g des Bildes 19; das Volumen V groß zu machen, indem man die Höhe h der Auslaßschlitze nicht höher als notwendig macht und den Verdichtungsraum V_c möglichst mit ausspült; T möglichst nieder halten, was aber nur schlecht gelingt, da das Spülmittel schon erwärmt aus dem Spülgebläse herauskommt und im Zylinder durch die heißen Abgase und die warmen Wände sich weiter erwärmt.

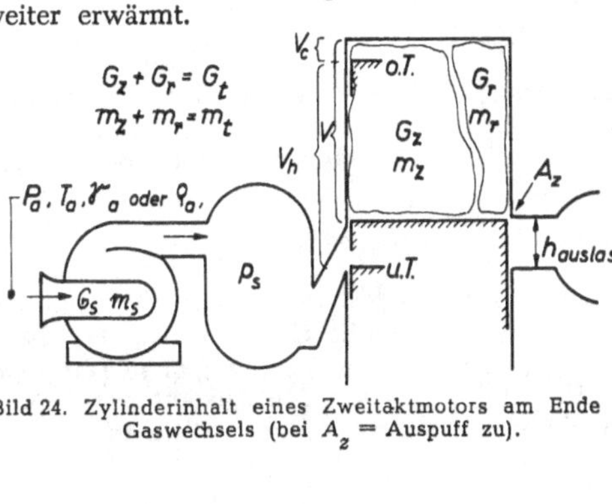

Bild 24. Zylinderinhalt eines Zweitaktmotors am Ende des Gaswechsels (bei A_z = Auspuff zu).

Bei der Spülung soll *zweitens* erreicht werden, daß von der totalen Menge G_t bzw. m_t ein möglichst großer Anteil aus der *Frischladung* G_z *bzw.* m_z und ein möglichst kleiner aus den Restgasen G_r bzw. m_r besteht. Um diese Forderung auf *Qualität* der Ladung zu erfüllen, müssen die Schlitze die richtige Lage und Richtung haben (s. F 6) und man muß eine genügende Menge Spülmittel aufwenden, s. Bild 23.

Will man den Erfolg dieser für G_t und G_z empfohlenen Maßnahmen durch *Kenngrößen* bezeichnen, so kann man G_t bzw. m_t ins Verhältnis zu einer theoretischen Gasmenge G_{th} bzw. m_{th} setzen, welche bei vollkommener Spülung das Hubvolumen des Motors V_H unter Außenzustands-Bedingungen ausfüllen würde, also zu

$$G_{th} = V_H \cdot \gamma a \qquad m_{th} = V_H \, . \, \varrho_a$$

Dabei ist $\gamma a = Pa/RTa$ das spez. Gewicht bzw. $\varrho_a = Pa/RTa$ die Dichte der Außenluft; dabei haben das γ des *alten* Maßsystems und das ϱ des *neuen* denselben Zahlenwert, z. B. für Luft bei 760 Torr und 0° Celsius 1,29. Man erhält für den Vergleich der *totalen Menge* G_t *bzw.* m_t *mit der theoretischen* G_{th} bzw. m_{th} den

$$\text{Ladegrad } \lambda_t = G_t/G_{th} \qquad \lambda_t = m_t/m_{th} \tag{5}$$

Vergleicht man die *Frischladung* G_z *bzw.* m_z *mit der totalen* Menge, so erhält man den

$$\text{Spülgrad } \lambda_s = G_z/G_t \qquad \lambda_s = m_z/m_t \tag{6}$$

Multipliziert man λ_t mit λ_s, so erhält man das Verhältnis der *Frischladung zur theoretischen Ladung*. Diese Größe kann man ähnlich wie beim Viertaktmotor (F 4) als Liefergrad der Spülung bezeichnen

$$\text{Liefergrad } \lambda_l = G_z/G_{th} = \lambda_t\, \lambda_s \quad \lambda_l = m_z/m_{th} = \lambda_t\, \lambda_s \tag{7}$$

Man kann auch die *Frischladung* G_z *bzw.* m_z statt mit dem theoretischen Ladungsgewicht G_{th} bzw m_{th} *mit der aufgewendeten Spülmittelmenge* vergleichen; diese war nach Gl. 3 (Seite 43) $V_s = k \cdot V_H$ gewesen. Multipliziert man beide Seiten dieser Gleichung mit γ_a bzw. ϱ_a, so erhält man:

$$V_s \cdot \gamma_a = k \cdot V_H \cdot \gamma_a = G_s = k \cdot G_{th}$$
$$V_s \cdot \varrho_a = k \cdot V_H \cdot \varrho_a = m_s = k \cdot m_{th} \qquad (3')$$

Wir erinnern uns, daß von dieser Spülmittelmenge G_s bzw. m_s nur ein Teil, nämlich G_z bzw. m_z, im Zylinder „gefangen" wird, während der andere Teil, namentlich die Spitze des Spülstroms, in die Auspuffleitung entweicht. Es ist also der

$$\text{Fanggrad } \lambda_z = G_z/G_s \qquad \lambda_z = m_z/m_s \,. \qquad (8)$$

Setzt man in (8) für G_z bzw. m_z den Wert aus Gl. 7 ein, und für G_s bzw. m_s den aus Gl. 3', so wird der

$$\text{Fanggrad } \quad \lambda_z = \frac{\lambda_l}{k} = \frac{\lambda_t \cdot \lambda_s}{k} \,. \qquad (9)$$

Hinsichtlich der Spülungskennzahlen dieses Abschnitts b herrscht im Schrifttum keine Einheitlichkeit der Begriffe und noch weniger der Buchstabenbezeichnungen. Die hier gebrachten schließen sich größtenteils an DIN 1940 Ausgabe März 1958 an. — Da die Messung dieser Spülungskennzahlen am laufenden Motor schwierig ist, spielen sie mehr im Schrifttum eine Rolle als in der Praxis des Motorenbaues.

11. Zusammenhang zwischen Spüldruck p_s und Schlitzabmessungen bei gegebenem Luftaufwand k der Spülung. Einfluß von Drehzahl n und Zylinderdurchmesser D

Die der Zahl k entsprechende (F 10a) Spülluftmenge wird nur dann in den Zylinder einzubringen sein, wenn der Spüldruck p_s genügend hoch ist und die Spülschlitze genügenden Querschnitt haben, namentlich wenn sie bei konstruktiv gegebener Breite und Neigung genügend hoch sind. Schon vor den Spülschlitzen müssen die Auspuffschlitze genügend Querschnitt (Vorauspuff) freigeben, s. Bild 19, 21 und 22.

Ein vollständige Berechnung der zugehörigen Größen läßt sich in einem kleinen Buch nicht bringen. Schrifttum z. B. [3, 21, 29, 33]. Im übrigen würde auch ein Zweitaktmotor, den man nur auf Grund einer solchen Berechnung bauen würde, doch noch einer Überprüfung und der Korrektur auf dem Prüffeld bedürfen, da manche der Rechnung zugrunde gelegten Werte (z. B. Durchflußziffern, Gastemperaturen) Unsicherheiten enthalten. Außerdem ist die Regel, daß man beim Bau einer neuen Zweitakttype die Erfahrungen, die an einer früheren hinsichtlich Spülung ähnlich gebauten und bewährten Type gemacht worden sind, anwenden kann. In diesem Fall hat man einen Anhalt für die Bemessung der neuen Type, wenn man folgende gekürzte Formel benutzt, welche das Ergebnis einer allgemeineren Rechnung ist:

$$k = C \frac{1}{n\,D}\, w_s\, S\,. \tag{10}$$

k Luftaufwand der Spülung (F 10a), C eine Größe, die so lange praktisch konstant bleibt, als die Schlitze der neuen und bewährten Type einander geometrisch ähnlich sind; n Drehzahl (Uml/min), D Zylinderdurchmesser (m); w_s Geschwindigkeit der Spülluft bei Eintritt in den Zylinder (m/s), S eine Funktion der prozentualen, d. h. auf den Hub s bezogenen Spülschlitzhöhe, s. unten.

Da ein bestimmtes Spülsystem erfahrungsgemäß ein bestimmtes k verlangt, wenn der Spülerfolg gut sein soll, heißt das, daß die rechte Gleichungsseite beim neuen Motor so groß sein muß wie beim bewährten; werden beim neuen Motor z. B. n oder D größer, so muß das durch größeres w_s oder S ausgeglichen werden; beides hat aber seine Grenzen:

Größeres w_s:

Die Eintrittgeschwindigkeit der Spülluft in den Zylinder w_s (m/s) hängt vom Überdruck $P_s - P_z$ des Spüldrucks P_s (kp/m^2) über dem Zylinderdruck P_z ab und von der mittleren Dichte ϱ_m. Bei nicht zu großem Druckunterschied gilt die Bernoulli'sche Gleichung

$$w_s = \sqrt{\frac{2}{\varrho_m}(P_s - P_z)}\,. \tag{11}$$

Beispiel (im technischen Maßsystem):

$$\varrho_m = \gamma/g = 1/8\ (\mathrm{kg\ s^2/m^4})$$
$$P_s - P_z = 1000\ (\mathrm{kg/m^2})$$
$$w_s = \sqrt{2 \cdot 8 \cdot 1000} = 126{,}5\ \mathrm{m/s}\,.$$

Praktisch heißt diese Formel, daß man das w_s nur durch eine höhere Druckdifferenz P_s—P_z vergrößern kann, was, ungeachtet der Einzelheiten, wiederum nur durch einen höheren Spüldruck P_s möglich ist. Wegen der Quadratwurzel ist das aber wenig vorteilhaft, denn man muß, um das w_s nur bescheiden anzuheben, den Spüldruck kräftig erhöhen. Größerer Spüldruck verlangt aber eine höhere Antriebsleistung des Spülgebläses, was die nutzbare Leistung des Dieselmotors mindert und seinen nutzbaren Brennstoffverbrauch verschlechtert. — Normalerweise liegt der Leistungsbedarf des Spülgebläses meist zwischen 6 u. 7, gelegentlich 15 % der Nennleistung des Dieselmotors.

Größeres S:

Die in den Zylinder eintretende Spülluftmenge ist um so größer, je höher die Spülschlitzöffnung ist und je länger die Spülschlitze geöffnet sind; dabei eine entsprechende Breite und Neigung der Schlitze (in Gl. 10 enthalten in C) vorausgesetzt. Ohne hier auf die mathematische Erfassung (Begriffe Winkelquerschnitt, Zeitquerschnitt) eingehen zu können, ist klar, daß sowohl der Querschnitt als auch die Gesamtdauer der Durchströmung der Spülschlitze dann größer werden, wenn man die Spülschlitze prozentual höher, d. h. S größer macht. Aber dann muß auch die Oberkante der *Auspuffschlitze* entsprechend höher gelegt werden. Dieses Vergrößern der Schlitze hat aber seine Grenze: Der schlitzfreie obere Teil des Zylinders darf nicht zu klein werden, denn er allein ist für die Größe der Zylinderladung maßgebend, siehe S. 45 unterhalb der Gl. 1.

Hub s.

Dieser kommt in Formel 10 nicht vor. Man kann ihn bei einer Zweitaktmaschine größer machen (wobei die Schlitzhöhen prozentual gleich bleiben und absolut mitwachsen), ohne daß dies der Spülung unzuträglich wäre. Voraussetzung ist allerdings, daß der Spülstrom auch bei dem langgestreckten Zylinder die gewünschte Richtung beibehält.

12. Instationäre Strömungen in Einsaug-, Spül- und Auspuff-Leitungen bei 4- und 2-Takt-Motoren

a) Allgemeines

Wenn ein Motorzylinder gefüllt und wieder entleert wird, werden die Gassäulen in den anschließenden Kanälen und Rohren rasch in Bewegung gesetzt und dann wieder stillgelegt. An einem bestimmten Punkt einer solchen Leitung kann also die Strömung nicht gleichmäßig bleiben, sondern mit Fortschreiten der Zeit ändert sich fortwährend ihre Geschwindigkeit (instationäre Strömung). Veränderliche Geschwindigkeiten bedeuten das Auftreten von Beschleunigungen der Gasteilchen, und damit auch von Massenkräften. An einem dem betrachteten benachbarten Punkt der Leitung werden oft die Verhältnisse anders liegen; dann kann es in diesem Leitungsbereich vorkommen, daß die Gassäule an einer Stelle zusammengeschoben oder auseinandergezogen wird, daß also Stellen örtlichen Überdrucks oder Unterdrucks entstehen (Vgl. F 3; Bild 19, 22). Solche Über- und Unterdruckbildungen werden aber nicht an derselben Stelle des Rohrs stehenbleiben, sondern weiterwandern (Druck- und Unterdruckwellen).

Derartige Vorgänge beeinflussen offenbar den Ladungswechsel des Zylinders und damit die Leistung. Namentlich bei den in dieser Hinsicht empfindlicheren Zweitaktmotoren hat der Motorenbauer immer schon überraschende Abweichungen zwischen der tatsächlichen und der erwarteten Leistung erlebt, sei es an der ganzen Maschine, sei es zwischen den einzelnen, sonst genau gleichgebauten Zylindern desselben Motors; Abweichungen in der ungefähren Größe von 5% sind in der Praxis häufig, von etwa 10—15% nicht selten, und von gelegentlich 20 oder 25% immerhin nicht ausgeschlossen.

Man hat sich deshalb bemüht, die Natur der instationären Vorgänge zu klären mit dem Ziel, durch konstruktive Maßnahmen ihre für Ladung und Leistung schädlichen Folgen zu verhindern und ihre vorteilhaften für eine dauernde Verbesserung der Motorleistung heranzuziehen.

Dabei zeigt sich allerdings, daß ein Motor (namentlich Mehrzylindermotor) ein verwickeltes Gebilde ist; mit seinen Rohren, Behältern und Zylindern, mit seinen diese Hohlräume abwechselnd verbindenden und trennenden Steuerorganen, mit seinen örtlich und zeitlich so verschiedenen Drücken und Temperaturen der Gase ist er jenen einfachen Gebilden recht unähnlich, von denen die Wissenschaft bei ihren grundsätzlichen Untersuchungen auszugehen pflegt. An solche hält sich die Wissenschaft mit Recht; denn schon bei diesen ist der Naturvorgang bei strenger Behandlung kompliziert genug; namentlich bei Vorkommen großer Druckunterschiede, bei denen man die Kompressibilität des Gases nicht mehr vernachlässigen darf; „Gasdynamik" [7, 34, 35, 36, 37, 38, 39, 40, 41].

Um so zu umfangreiche und in den Zwischenstadien oft wenig übersichtliche Rechnungen zu vermeiden, werden daher bei den technischen Rechnungen fast immer Vereinfachungen angewandt; deren Maß muß aber der jeweiligen Situation angepaßt werden, damit das Rechenergebnis nicht zu sehr von der Wirklichkeit abweicht. Man kann z. B. in der Saugleitung mit ihren mäßigen Druckunterschieden und gleichmäßigen Temperaturen weitergehend vereinfachen als in der Auspuffleitung, bei der das namentlich in der Nähe der Gasaustrittsstelle aus dem Zylinder nicht zulässig ist.

Eine grundlegende allgemeine Darstellung der instationären Vorgänge läßt sich auf dem hier verfügbaren Raum nicht bieten. Es werden deshalb einige Einzeldarstellungen gebracht, die dem Leser eine brauchbare Vorstellung charakteristischer Vorgänge im Motor vermitteln und vielleicht auch eine Anwendung ermöglichen sollen. Wer mehr wissen will, dem wird die Fachliteratur empfohlen. Von deren Fülle kann im Verzeichnis [34-60] nur ein Teil gebracht werden; doch findet man bei dessen Benutzung auch in der übrigen Literatur weiter.

b) Einsaugen durch eine kurzes Rohr

Der in Bild 25 dargestellte Apparat ahmt den Vorgang nach, bei dem ein Zylinder über ein gesteuertes Einlaßventil oder einen Einlaßschlitz von außen Luft einsaugt. Im großen Behälter rechts wird (durch Abpumpen von Luft) dauernd ein Druck p_2 gehalten, der um 0,20 kp/cm² niederer ist als der Druck p_1 der Außenluft. Ein Schieber öffnet und schließt, dies zusammen binnen 0,0063 Sekunden; Schema des Öffnungsquerschnitts f, bezogen auf die größte Öffnung F, siehe unteres Bild; danach bleibt der Schieber 0,0139 Sekunden geschlossen, worauf sich das Spiel periodisch wiederholt, also rund 50mal in der Sekunde.

Saugt der Schieber direkt aus der Luft an, fehlt also das gestrichelte Ansaugrohr, so ist wegen des immer gleichbleibenden Druckunterschieds p_1—p_2 die *Geschwindigkeit* im Querschnitt f nach Gl. 11 $w_0 = \sqrt{2/\varrho}\,\sqrt{P_1 - P_2}$ $= 197$ m/s. Die je Sekunde geförderte *Luftmenge* ist dann $V_0 = w_0 \cdot f$. Man könnte sich nun vorstellen, der Schieber bliebe ständig offen und durch seinen größten Querschnitt F würde mit der gedachten, wechselnden Geschwindigkeit W_0 dieselbe Luftmenge strömen; dann $V_0 = W_0 \cdot F$. Aus $w_0 \cdot f = W_0 \cdot F$ wird $W_0/w_0 = f/F$; siehe die Eintragung unten in Bild 25.

Nun wird das Ansaugrohr von der Länge l angebaut. (Die rechnerische Strömungslänge l' mit 0,46 m ist etwas größer als l, da die Strömung etwas vor Rohranfang im Einlauffeld beginnt; l'—l etwa 0,7mal Rohrradius). Im unteren Bild, Strömungsgeschwindigkeiten über der *Zeit* zeigend, erweist sich, daß die Geschwindigkeit w im Schieberquerschnitt f jetzt nur etwa 46% von w_0 ist, solange der Schieberquerschnitt größer wird; w also etwa 90 m/s. Dies kommt daher, daß die 0,46 m lange Luftsäule im Rohr beschleunigt werden muß. Während der kurzen Zeit, in der der Schieber ganz geöffnet ist, ändert sich das nur wenig; die Luftsäule im ganzen Rohr, dessen Querschnitt F ja jetzt der Schieberöffnung f gleich ist, nimmt diese Geschwindigkeit an. Danach schließt sich allmählich der Schieber; durch das kleiner werdende f wird die bewegte Gassäule verzögert, der Druck in ihr steigt deshalb stark an; ähnlich wie bei einem Wasserkraftwerk der Druck in der Rohrleitung vor der Turbine hoch anzusteigen neigt, wenn der Regler plötzlich den Durchflußquerschnitt der Turbine verkleinert. Weil damit der Überdruck gegenüber p_2 größer wird, steigt auch die Geschwindigkeit. Die Geschwindigkeit w würde den 2,14-fachen Wert von w_0 erreichen, also etwa 421 m/s. Da aber schon bei 340 m/s die Schallgeschwindigkeit a erreicht wird, und diese bei einer gewöhnlichen (Schie-

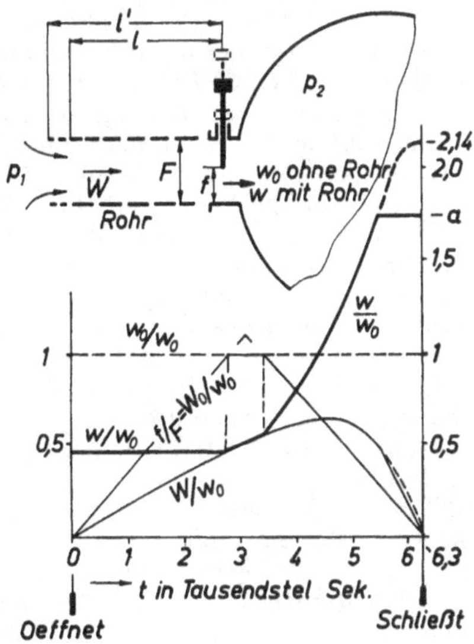

Bild 25. Oben Behälter mit mechanisch bewegtem Einlaßschieber und (gestrichelt) Einlaßrohr. Unten Öffnungsgesetz f/F des Schiebers; Geschwindigkeiten bezogen auf w_0.

ber-)Öffnung grundsätzlich nicht überschritten werden kann, bleibt es bei 340 m/s; dem 1,73fachen Wert von w_0. Die je Sekunde geförderte Luftmenge ist jetzt $V = w \cdot f$ im Schieber; im Rohr, ihr gleich, $W \cdot F$; daraus $W = w \cdot f/F$.

Man vergleicht nun die für die geförderten Luftmengen maßgeblichen, beide Male auf den Querschnitt F bezogenen Geschwindigkeiten W_0 (ohne) und W (mit Ansaugrohr); man findet sie beide in Bild 25; dort nur noch, um sie dimensionslos zu machen, durch das konstante w_0 dividiert. Man sieht, daß das W/w_0 (unsymmetrische Kurve) anfangs wegen der Verzögerung der Gassäule kleiner ist als das W_0/w_0; aber gegen Ende des Öffnungsvorgangs des Schiebers bewirkt die nachdrängende Wirkung der Masse der Gassäule und das dadurch gehobene w/w_0, daß W größer wird als W_0. Die vor Schieberschluß gesteigerte Fördergeschwindigkeit kann *im Motor* (nicht im Meßapparat nach Bild 25 mit seinem großen, auf konstantem Unterdruck gehaltenen Behälter) zu einer merklichen Vergrößerung der Zylinderladung ausgenutzt werden; z. B. beim Viertaktmotor nach F 3; richtige Abstimmung des Saugrohrs vorausgesetzt. Berechnungen, nachgeprüft am Apparat nach Bild 25, über Rohrlänge usw. und die Rechnung erleichternde Arbeitsblätter siehe [48], aus welcher Arbeit auch Bild 25 entnommen ist.

Die Vereinfachung dieser Betrachtungsart liegt insbesondere darin, daß die Gassäule, deren Massenwirkung verfolgt wird, als inkompressibel angenommen ist. Dadurch sind der Anwendung Grenzen gesetzt: Der Druckunterschied $p_1 - p_2$ darf nicht zu groß sein (also z. B. nicht zulässig für Vorauspuff Zylinder-Auspuffleitung) und die Saugleitung darf nicht zu lang sein; als obere Grenze der zulässigen Leitungslänge errechnet sich nach [48] ein l (in Metern) von etwa $2400/n$ bei Viertakt und $1200/n$ bei Zweitakt. — Vorgänge in langen Leitungen siehe nächster Abschnitt.

Motoren mit abgestimmten Saugrohren ergeben einen merklich gebesserten Liefergrad des Einsaugvorgangs, meist mit bescheidenem konstruktiven Aufwand [15,

19, 56, auch 82 a]. Diese Wirkung läßt sich nur in dem bestimmten Bereich der Drehzahl erzielen, für den die Saugrohre abgestimmt sind; vergleiche Bild 3, Stelle x.

c) Lauf von Druckwellen in Auspuffleitungen

Wenn ein Zylinder in die Auslaßleitung auspufft, z. B. in Bild 26 der Zylinder III, läuft die dabei entstehende Druckerhöhung mit Schallgeschwindigkeit die Leitung in beiden Richtungen entlang. In Bild 26 ist die rechtslaufende Welle eingezeichnet. die nacheinander die Stellungen 1, 2 und 3 durchläuft. Der in Wirklichkeit komplizierte Vorgang läßt sich, solange die Druckerhöhung

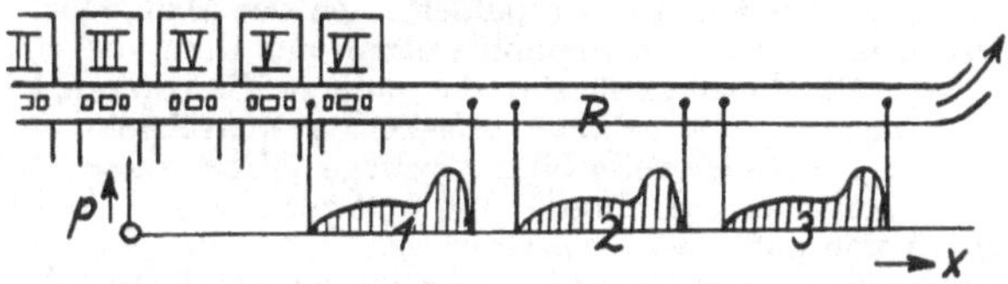

Bild 26. Eine Druckwelle wandert in der Auspuffleitung *R* eines Zweitaktmotors nach rechts, wobei nacheinander die Druckverteilungen 1, 2 und 3 entstehen. Ohne Maßstab, ohne zugehörige Unterdruckwellen, ohne Steilerwerden der Wellenfront gezeichnet.

eine kleine ist (z. B. in Auspuffleitungen 20 oder 30% des statischen absoluten Drucks), mit einer vereinfachten Betrachtungsweise behandeln, nämlich als ein akustischer Vorgang. Davon macht man namentlich bei Mehrzylindermotoren Gebrauch, weil die Druckwelle in der Auspuffleitung beim Vorbeilaufen an den Mündungen anderer Zylinder deren Ladungswechsel beeinflußt, insbesondere bei Zweitaktmotoren; s. Bild 19. Auch beim Aufladen von Motoren (Bild 39) ist es wichtig, den Verlauf der Wellen in den Auspuffleitungen zu kennen; allerdings ist bei aufgeladenen Motoren die akustische Methode nicht immer zulässig.

Die Schallgeschwindigkeit wird im Technischen Maßsystem und im physikalischen Internationalen System (s. F 4) durch folgende Gleichungen ausgedrückt:

$$a = \sqrt{g \varkappa R T} \qquad a = \sqrt{\varkappa R' T} \tag{12}$$

a = Schallgeschwindigkeit in m/s
g = 9,81 m/s²
$\varkappa$ = 1,4 für zweiatomige Gase, aus denen die Auspuffgase vorwiegend bestehen.
R = Gaskonstante in mkp/°K kg; für Auspuffgase rund 30
R' = Gaskonstante in J/°K kg; für Auspuffgase rund 300
T = Temperatur der Auspuffgase in °Kelvin; $T = 273 + t$.

Im speziellen Fall von Auspuffleitungen der Mehrzylindermotoren stellt sich eine Abflußbewegung der Gase von einer gewissen Gleichmäßigkeit ein; die mittlere Geschwindigkeit dieser ziemlich alle Teilchen erfassenden Konvektionsbewegung möge beispielsweise 30 m/s betragen. Über diese Strömung überlagern sich Druck- und Unterdruckwellen, welche vom Vorauspuff der einzelnen Zylinder als Störungsquellen erzeugt werden und welche die viel größeren Schallgeschwindigkeit haben. Nach obiger Formel beträgt z. B. für eine Auspufftemperatur t von 330° C das a etwa 500 m/s. Eine Druckwelle, eine Zusammendrängung von Molekülen, verändert ihren Ort im Rohr durch Stoß von Teilchen zu Teilchen, die dabei eine kurze Schwingungsbewegung ausführen; die Druckwelle im Zeitpunkt 2 des Bildes 26 besteht aus anderen Molekülen als die Druckwelle im Zeitpunkt 1. Die Richtung von Konvektionsströmung und Wellenbewegung kann die gleiche oder die entgegengesetzte sein, s. Bild 28 u. 29. Analoge Vorgänge gibt es auch in Flüssigkeitsleitungen [42], bei Dieselmotoren z. B. in den Brennstoffleitungen zwischen Einspritzpumpen und Düsen.

Solange ungestörte Laufwege von Wellen wie in Bild 26 kommen in Wirklichkeit kaum zustande, weil die Wellen vorher an Reflexionsstellen anstoßen:

a) Wenn eine Druckwelle gegen eine Abschlußwand W des Rohrs R (Bild 27) läuft, wird sie dort positiv zurückgeworfen.

Die Welle laufe im Rohr nach rechts, ähnlich wie in Bild 26; sie stoße zum Zeitpunkt t_0 gerade mit ihrer

Front an die Wand W (Gerade I - II) an. Zum Zeitpunkt t_1 wäre sie ein Stück nach rechts gewandert und ist gestrichelt so eingezeichnet, wie wenn W kein Hindernis wäre; in Wirklichkeit wird der über I - II hinausgelaufene Teil an der Wand reflektiert und ist als Spiegelbild links von I - II gepunktet eingezeichnet; er ist der Anfang einer von W zurückgeworfenen, nach links wandernden Welle. Diese gepunktete Rückwurfwelle und die ursprüngliche Vorwärtswelle bilden zusammen die ausgezogene tatsäch-

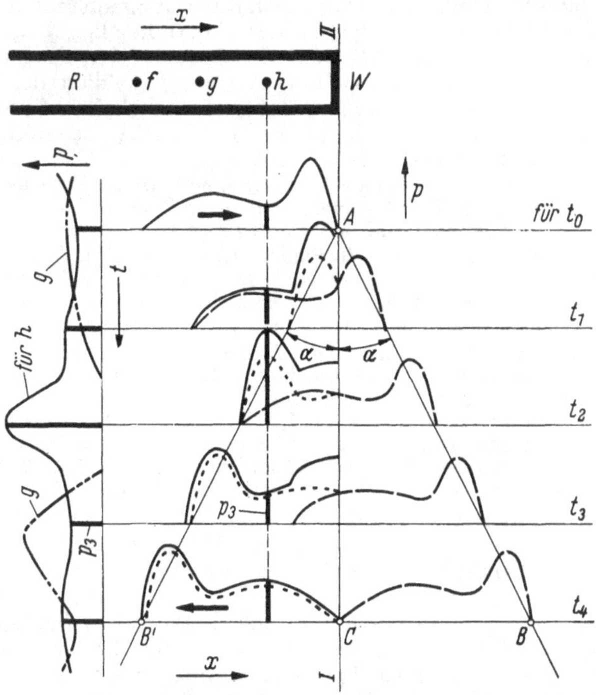

Bild 27. Rückwurf einer im Rohr *R* nach rechts vorlaufenden Druckwelle an einer Abschlußwand *W*.

lich zu beobachtende Welle. Bei t_2, t_3 und t_4 spielt sich grundsätzlich dasselbe ab. Bei t_1 bis t_3 beobachtet man, welche unerwarteten Wellenformen durch die Addition des Drucks von Vor- und Rücklaufwelle entstehen; bei t_1 entsteht an der Reflexionswand I - II ein hoher Druck, der „Brandungsdruck". Bei t_4 ist die Reflexion zu Ende, die Welle läuft als Rückwurfwelle in ihrer ursprünglichen Form, aber gespiegelt um I - II, nach links. — Vorlaufende Unterdruckwellen erzeugen analog rücklaufende Unterdruckwellen. — Wenn man einen bestimmten Punkt der Welle (z. B. Fußpunkt der Front) in allen Lagen durch eine Gerade *AB* verbindet, bedeutet der Tangens des Winkels α den Wellenweg $x = CB$ dividiert durch die Zeit $t = AC$, also die Schallgeschwindigkeit a. Ebenso für die rücklaufende Welle (Gerade *AB'*), deren Geschwindigkeit ebenfalls a ist.

Jede der obengenannen 5 Kurven beschreibt die Verteilung des Drucks im Rohr für einen bestimmten Zeitpunkt, z. B. für t_3. Man kann aber auch aufzeichnen, wie an einem bestimmten Punkt des Rohrs, z. B. Punkt h, der Druck sich abhängig von der Zeit verhält. Man greift auf der von h nach unten gezogenen Geraden die Größe des Drucks (z. B. p_3, d. h. zum Zeitpunkt t_3 an der Stelle h) ab und überträgt sie in das Kurvenbild links. Für andere Punkte als h, z. B. g, könnte man das ebenso tun. So erhält man die p-t-Kurve links. — Wenn man an der Auspuffleitung bei f, g und h einen Druck-Zeit-Indikator anbringt (s. Bd. I, Bild 1 oben links), so zeichnet dieser solche p-t-Kurven auf. Wenn man an einigen Punkten der Leitung solche Indikatordiagramme gemacht hat, kann man aus diesen rückwärts die p-x-Kurven zeichnen.

β) Wenn eine Druckwelle gegen eine ins Freie führende M ü n d u n g M des Rohrs R (Bild 28) läuft, wird sie dort n e g a t i v z u r ü c k g e w o r f e n.

Der Teil der Welle, welcher z. B. zum Zeitpunkt t_1 über die Mündungsebene (Gerade I - II) nach rechts hinausgelaufen ist (gestrichelt), hat wie in Bild 27 links von I - II das gepunktete Spiegelbild. Aber jetzt stellt nicht dieses, sondern dessen nochmals um die Gerade III - IV gespiegeltes Abbild, strichpunktiert gezeichnet, die Rück-

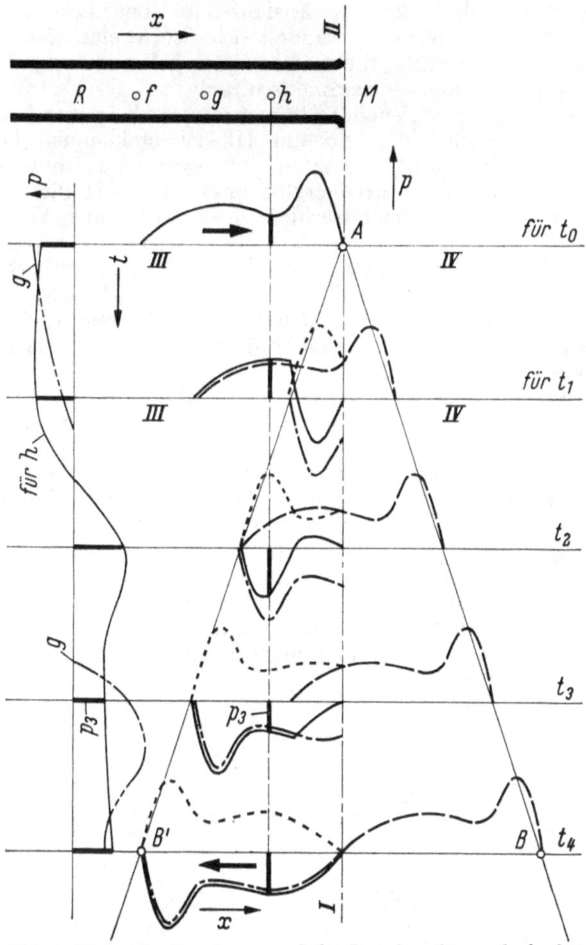

Bild 28. Rückwurf einer in einem Rohr R nach rechts vorlaufenden Druckwelle an einer Mündung ins Freie M.

wurfwelle dar. Eine vorwärtslaufende Überdruck- (bzw. Unterdruck-) Welle verwandelt sich also in eine rücklaufende Unterdruck- (bzw. Überdruck-) Welle; negative Druck-Reflexion. — Zeichnerisch muß man also den über I - II hinausgelaufenen Teil nicht nur wie bei a um I - II, sondern noch außerdem um III - IV umklappen. Die Summe der Druck-Ordinaten der gestrichelten und der strichpunktierten Kurve ergibt links von I - II die ausgezogene Kurve der tatsächlich zu beobachtenden Welle. Bei t_1 bis t_4 analog; zum Schluß (t_4) wandert die Welle als Rückwurfwelle (gespiegelt um I - II) aber mit negativem Druck mit Schallgeschwindigkeit nach links. — Eine Welle, die von einem Rohr statt ins Freie in einen entsprechend großen Behälter übergeht, verhält sich geradeso.

γ) Blende als Abschluß. Querschnittsänderungen und Verzweigungen des Rohrs.

Wenn ein Rohr von einer Blende (Bild 29 oben) abgeschlossen wird, entsteht ein Rückwurf der Welle, die sich bei einer kleinen Blendenöffnung mehr dem Fall α, bei großer mehr dem Fall β nähert; bei einem bestimmten Querschnitt der Blende kann der Rückwurf praktisch gleich Null werden. Wenn sich ein Rohr verengt (erweitert), s. Bild 29 links Mitte, läuft die Druckwelle im engeren (weiteren) Rohr hinsichtlich des Drucks verstärkt

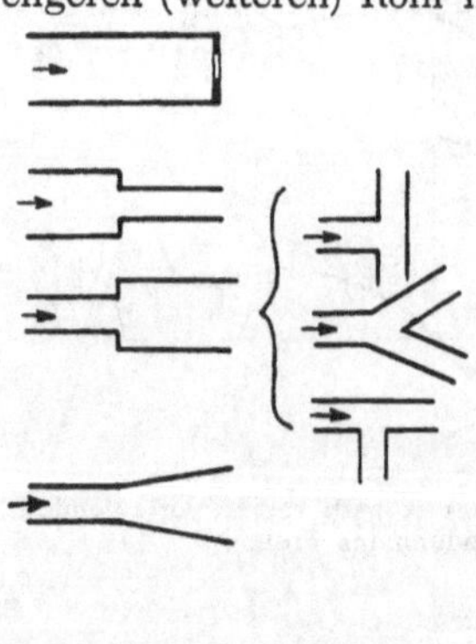

Bild 29. Verschiedene Formen von Auspuffleitungen.

(geschwächt) weiter, und von der Unstetigkeitsstelle läuft eine geschwächte Welle nach links druckpositiv (negativ) zurück. Bei einer Verzweigung (Bild rechts) treten dieselben Verhältnisse wie bei einer Rohrerweiterung auf, wenn die beiden Verzweigungsrohre denselben Querschnitt haben wie das erweiterte Rohr; die Form der Verzweigung scheint dabei nicht allzuviel Einfluß zu haben. Kegelige Erweiterungen (Diffusoren) bewirken, daß die vorwärtslaufende Welle geschwächt wird und eine negative Rückwurfwelle entsteht.

Eine ausführlichere Behandlung dieser nicht einfachen Vorgänge, die hier unter dem Gesichtspunkt ihrer praktischen Wirkung im Motor kurz dargestellt sind, findet sich im Schrifttum. [34 bis 41 und 42 bis 60]

Bei einem Mehrzylindermotor werden in der Auspuffleitung mehrere Druckwellen erzeugt, die dann, zum Teil reflektiert, in großer Zahl im Rohr nach rechts und links laufen Um den Überblick zu gewinnen, wo zu den verschiedenen Zeitpunkten die Druckwellen liegen und ihre Wirkung auf den Ladungswechsel z. B. nach Bild 19 ausüben, kann man Laufpläne der Wellen zeichnen. Diese sind grundsätzlich den Bildern 27 und 28 gleich, siehe dort die geraden AB und AB'. Offenbar erlauben Zylinderzahlen, Kurbelstellung und Zündfolge den Lauf der Druckwellen in der Sammelleitung bis zu einem gewissen Grad so zu lenken, daß der Ladungswechsel der Zylinder dadurch gebessert wird; bei Reihenmotoren bestehen hierfür bei den Zylinderzahlen 3, 6 und 9 gute Aussichten.

d) Resonanzschwingungen in der Auspuffleitung eines Mehrzylindermotors

Die Auspuffleitung des in Bild 30 gezeichneten Sechszylindermotors ist ein Rohr, das links geschlossen und rechts an einen großen Behälter (Auspufftopf) angeschlossen ist. Ein solches Rohr ist einer einseitig geschlossenen Pfeife gleichzusetzen. Die Gassäule in ihm kann Eigenschwingungen ausführen, Druckschwingungen in der

Rohrlängsrichtung. Diese können verschiedener Art (Schwingungsform) sein; aber immer ist der Unterschied zwischen beiden Rohrenden der, daß sich nur am linken geschlossenen Rohrende Druck bilden kann, der dann zwischen einem Plus- und Minuswert pulsiert, daß aber am rechten offenen Ende der Druck Null bleiben muß, da dieses ja offen ist. Z. B. kann der Druck zwischen den Kurven *ABC* und *A'B'C* hin- und herpendeln; sogenannte Schwingung ersten Grades. Aber auch die eingezeichneten Schwingungen 2. und 3. Grades erfüllen die obige Voraussetzung und sind deshalb möglich. Um die Zeichnung nicht unübersichtlich zu machen, ist bei diesen nur der eine Ausschlag und nicht auch der Gegenausschlag eingezeichnet. Zur Zahlenbezeichnung beachte man, daß die Kurve des Druckausschlags ersten, zweiten, dritten... Grades die Nullinie 1, 2, 3, ... mal schneidet. Diese Schwingungsknoten, an denen also der Druck ständig gleich Null ist und zwischen denen ein Schwingungsbauch mit pulsierendem Druck liegt, bleiben bei solchen Eigenschwingungen dauernd an derselben Stelle — „stehende Wellen".

Die Schwingungszahl (Eigenfrequenz) errechnet sich z. B. für die Zahl der Schwingungen 1. Grades aus der Beobachtung, daß das einseitig offene Pfeifenrohr ein Viertel einer Vollwelle (3. Grades: fünf Viertel) enthält. Ist das Rohr, s. Bild, 2 m lang, so ist deshalb die Wellenlänge $L = 4 \cdot 2 = 8$ m.

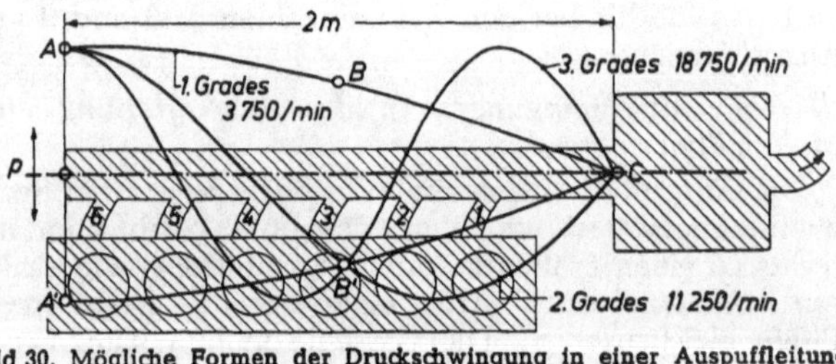

Bild 30. Mögliche Formen der Druckschwingung in einer Auspuffleitung, die links geschlossen ist und rechts in einen großen Auspufftopf mündet.

Die Schallgeschwindigkeit a, mit der sich eine solche Welle im Rohr fortpflanzt (S. 56), möge hier 500 m/s betragen. Nach einem Gesetz der Schwingungslehre ist

$$\text{Eigenfrequenz } f = a/L = 500/8 = 62{,}5 \text{ Schwingungen/s oder } 60 \cdot 62{,}5 = 3750 \text{ Schwingungen/min.} \quad (13)$$

Analog errechnen sich die Eigenfrequenzen für die Schwingungen 2. und 3. Freiheitsgrades, s. Bild 30.

Die Frage ist, ob diese Eigenschwingungen des Gases im Rohr auch wirklich beim Motor auftreten, ob sie durch das Auspuffen der Zylinder erregt werden können. Wenn ein Zylinder mit zunächst überkritischem Druckverhältnis auspufft, entsteht in der Auspuffleitung an der Einmündungsstelle ein örtlicher Überdruck, von dem aus eine Druckwelle wegläuft, wie oben Seite 55 beschrieben. Diese Druckwelle, welche z. B. auf die Spülung beim Zweitaktmotor Einfluß ausüben kann (Bild 19), tritt immer auf. Ob es aber zur Erregung der Eigenschwingungen, von stehenden Wellen kommt, und wie stark diese werden, hängt von mehreren Umständen ab: Eine entscheidende Rolle spielt dabei die Frequenz und Stärke der erregenden Druckstöße. Wenn periodische Anstöße (Auspuff) ein schwingungsfähiges System (Gassäule im Auspuffrohr) zum Mitschwingen zu bringen versuchen („erzwungene Schwingungen"), wird dieses nur mäßige oder kleine oder keine Schwingungen ausführen, wenn die erregende Frequenz kleiner (Ausnahme s. unten) oder größer ist als seine Eigenfrequenz. Ist dagegen die Erregerfrequenz gleich der Eigenfrequenz, entstehen sehr starke (bei Fehlen von Dämpfung sogar theoretisch unendlich große) Eigenschwingungen; Fall der *Resonanz*. Wenn z. B. die Erregerfrequenz (Auspuffstöße) 3750/min betragen würde, würde die Eigenschwingung 1. Grades der Gassäule erregt werden (bei 11 250 die 2. Grades). Aber auch wenn die Zahl der Auspuffstöße je Minute kleiner ist, kann es zur Erregung der Eigenschwingung kommen, aus folgendem Grund: Die Druckwelle des

Auspuffstoßes hat ja nicht eine reine Sinusform, sondern eine, die der in Bild 26 grob dargestellten ähnlich ist. Man kann sich eine solche Form aus einer Reihe reiner Sinus- und Cosinuswellen („Harmonische") aufgebaut denken; die Fourier'sche Analyse zeigt dabei, wie groß man Amplituden und Frequenzen dieser Einzelfunktionen machen muß, damit deren Addition ein möglichst genaues Bild von der wirklichen Form ergibt. In einer solchen wirklichen Form sind ziemlich immer auch höhere, d. h. höherfrequente Harmonische enthalten, und deren Stoßhäufigkeit kann die Eigenfrequenz auch dann erreichen, wenn die Frequenz der Grundfunktion der Auspuffstöße weit unterhalb der Eigenfrequenz liegt.

Außerdem spielt eine Rolle, an welcher Stelle einer Eigenschwingung (Schwingungsbauch oder Knoten) der erregende Auspuffstoß angreift. In Bild 30 wird z. B. bei der Schwingung 2. Grades der Zylinder 4 (nahe dem Knotenpunkt auspuffend) kaum eine Erregung hervorrufen können, wohl aber Zylinder 1 oder 6. Auch wird die Phasenlage des erregenden Stoßes von Einfluß sein, d. h. es wird nicht gleichgültig sein, auf welche Phase der zwischen einem positiven und negativen Maximum pulsierenden Eigenschwingung der Druckstoß gerade trifft; dies hängt offensichtlich wieder mit der Kurbelwellengestalt und Zündfolge des Motors und der sich einstellenden Phasenlage der Auspuffschwingung zusammen.

Auf diese hier in Worten angedeuteten Einzeleinflüsse läßt sich eine Rechnung aufbauen. Diese gibt Aufschluß darüber, welche der Eigenschwingungen (verschiedenen Grades) unter dem Einfluß der Auspuffstöße bei einem bestimmten Motor entstehen und auch einigermaßen darüber, in welcher Stärke dies zu erwarten ist. Die Rechnung ähnelt derjenigen, mit deren Hilfe man die Drehschwingungen von Kurbelwellen auffindet. Ein Beispiel für eine solche Rechnung (mit experimenteller Nachprüfung) s. unter [49].

13. Abgase von Verbrennungsmotoren

a) Drücke

Einige Angaben s. die Bilder 1, 2, 19, 21, 22, 26, 27, 28 und zugehörigen Text.

b) Temperatur t_u

Beim Öffnen des Auspuff-Ventils bzw. -Schlitzes strömen zuerst heiße, dann durch die Expansion im Zylinder kühler gewordene Abgase in die Auspuffleitung; bei Zweitakt folgt dann noch ein Teil der relativ kalten Spülluft. In der Auspuffleitung stellt sich eine Mischtemperatur t_u der Abgase ein.

Auspufftemperaturen von nicht aufgeladenen Motoren

Gemessen mit Thermoelementen in der Auspuffleitung nahe dem Motor. Temperaturen aufgeladener Motoren siehe Tabelle in G 5.

	Grad Celsius
Ottomotoren	
4-Takt-Benzinmotoren für Personenwagen	750— 850
4-Takt-Hochleistungsmotoren (z. B. Flugmotoren)	900—1100
4-Takt große Gasmaschinen	600— 800
2-Takt-Benzinmotoren für Motorräder, Roller usw.	450— 500
Dieselmotoren	
4-Takt-Motoren mittlerer Drehzahl (c_m etwa 6 m/s)	350— 500
4-Takt-Motoren hoher Drehzahl (c_m 9—11 m/s)	500— 780
2-Takt-Motoren mittlerer Drehzahl	250— 300

Die Tabelle zeigt die *bei Nennlast vorkommenden Abgastemperaturen t_u*. Sie sind bei den einzelnen Motorenarten recht verschieden. Ebenso schwankt bei einem bestimmten Motor das t_u je nach Belastung und Drehzahl, siehe Bild 31 und 32. Die zwei Hauptgründe dafür sind folgende:

Erstens hängt t_u stark vom *Luftverhältnis* λ (siehe A 4) ab [9]. In jedem Motor ist nämlich die Verbrennung des

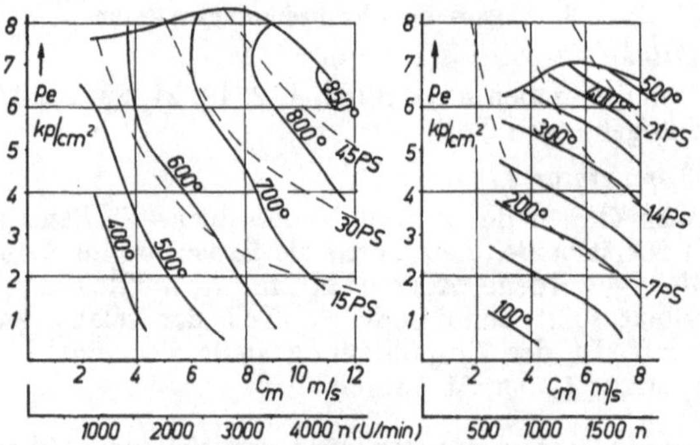

Bild 31 und 32. Kurven gleicher Auspufftemperaturen bei einem Ottomotor (4 T., 4 Zyl. zus. 1,7 l) und einem Dieselmotor (4 T., 2 Zyl. zus. 1,84 l). Gestrichelt Kurven gleicher Leistung in PS.

Brennstoffs mit der theoretisch notwendigen (stöchiometrischen, $\lambda = 1$) Luftmenge die Quelle aller Wärme. Wenn man, was oft geschieht, eine größere Menge ($\lambda > 1$) durch den Motor hindurchtreten läßt, wird durch diesen zur Verbrennung nicht beitragenden Ballast das Abgas verdünnt und seine Temperatur herabgesetzt. Daher haben Dieselmotoren mit ihrem hohen λ (E 1 und Bild 33, Bereich z) eine geringere Abgastemperatur als Ottomotoren; Zweitaktmotoren meist eine geringere als Viertaktmotoren, weil bei ihnen ein Teil der Spülluft ohne Beteiligung an der Verbrennung in die Auspuffleitung gelangt.

Zweitens haben Motoren bei *Schnellauf* eine höhere Auspufftemperatur als bei *Langsamlauf*. Ursache: Bei schnellem Lauf haben die Verbrennungsgase weniger Zeit, Wärme an die Wand des Zylinders abzugeben; sie bleiben also wärmer; ihre polytrope Dehnungskurve z. B. nähert sich mehr der Adiabate.

Diese Einflüsse zeigen sich in Bild 31 und 32, welche als Beispiel bei einem Otto- und einem Dieselmotor die Auspufftemperatur t_u abhängig von der Drehzahl n

(Abszisse) und der Belastung p_e (Ordinate) zeigen (Einzelheiten über die Größe c_m siehe H 5, über p_e Bd. I, A 7 und in diesem Bd. II, H 2, 3). In beiden Bildern steigt t_u nach rechts oben an. Beim Dieselmotor verlaufen aber die Kurven flacher, d. h. der Einfluß von p_e tritt hervor und der von n zurück. Der Hauptgrund dafür ist, daß beim Dieselmotor die Güte- (Qualitäts-) Regelung des brennbaren Gemischs üblich ist; wenn ein anderes p_e eingestellt wird, geschieht dies durch Änderung nur der Brennstoffzufuhr, während die Luftzufuhr (bei den meisten Dieselmotoren) ungeändert bleibt; daher z. B. bei kleinem p_e wenig Brennstoff, hohes Luftverhältnis λ und daher niederes t_u. Dagegen ist beim Ottomotor Mengen- (Quantitäts-) Regelung des brennbaren Gemischs notwendig; die Drosselklappe ändert die Menge des zutretenden Gemischs, also Brennstoff *und* Luft; das Verhältnis beider und damit das λ wird vom Vergaser dabei nur wenig verstellt (siehe Bd. I, Bild 43) und so wird auch t_u von p_e nicht viel beeinflußt.

Weil beim *Dieselmotor* die Auspufftemperatur in der Hauptsache ein Maß für den mittleren Druck p_e, also für das erzeugte Drehmoment (H 3, 4) ist, kann man bei einem *Mehrzylindermotor* durch Ablesen der an jedem Zylinder eingebauten Auspuffthermometer prüfen, ob diese gleichmäßig belastet sind. — Hat man an einem Dieselmotor auf dem Prüfstand das t_u im Kennfeld ähnlich wie in Bild 32 durchgemessen und baut man ihn dann in ein Fahrzeug ein, so gibt die Auspufftemperatur eine Antwort auf die sonst so schwer zu beantwortende Frage, *wie hoch* der *Dieselmotor im Fahrzeug belastet* ist. Näheres siehe J 7.

Bei Ottomotoren ist das t_u außer vom λ auch vom Zündzeitpunkt abhängig, siehe [8, S. 119 u. 232].

Die Messung von Temperaturen in einem unregelmäßig schnellen und der Temperatur nach nicht homogenen Gasstrom ist etwas problematisch. Thermometer und Thermoelemente, wie sie üblicherweise in die Auspuffleitung eingebaut sind, ergeben namentlich dann, wenn dicht hinter dem Zylinder befindlich, nur ungefähr richtige und meist zu niedere Werte [2 S. 63; 8, 61, 63].

c) Chemische Zusammensetzung. Belästigung und Gefährdung von Personen durch Abgase. Verminderung der Giftigkeit der Abgase von Ottomotoren.

Die chemische Zusammensetzung der Abgase hängt von der Zusammensetzung des Brennstoffs und — wie die Temperatur t_u — vom Luftverhältnis λ ab. Zugehörige Formeln (Verbrennungsgleichungen) finden sich in Büchern über Thermodynamik, in maschinentechnischen Handbüchern im Abschnitt Verbrennung sowie in vielen Büchern über Motoren, siehe Literaturverzeichnis. Das Ergebnis ist für einen flüssigen Brennstoff mittlerer Elementaranalyse in Bild 33 dargestellt.

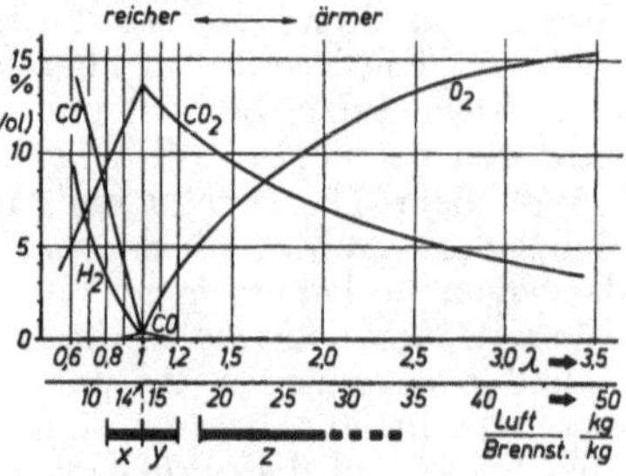

Bild 33. Gehalt der Abgase eines mit Benzin oder Dieselkraftstoff betriebenen Motors an O_2 (Sauerstoff), CO_2 (Kohlensäure) CO (Kohlenmonoxyd) und H_2 (Wasserstoff). x und y Betriebsbereich bei Ottomotor, z bei Dieselmotor.

Ottomotoren

Bei diesen ist wichtig zu wissen, daß bei Luftmangel ($\lambda < 1$, Bereich *x*) der Kohlenstoff des Kraftstoffs zum Teil nicht vollständig zu CO_2, sondern nur zu Kohlen(mon)oxyd CO verbrennt. CO, ein farb- und geruchloses Gas, praktisch gerade so schwer wie Luft, bringt eingeatmet Belästigungen und Gefahren mit sich, deren Maß von der Konzentration des CO in der Luft, aber auch von der Dauer der Einatmung abhängt. Körperliche Bewegung verstärkt die schädliche Wirkung [65, 70]. Näheres über die physiologische Wirkung auf den Menschen siehe [64, 69]. Auch VDI-Richtlinie 2281.

Betriebszustände, unter welchen ein Otto-Automobilmotor praktisch *viel oder wenig CO* im Auspuff abgibt, siehe Bild 34.

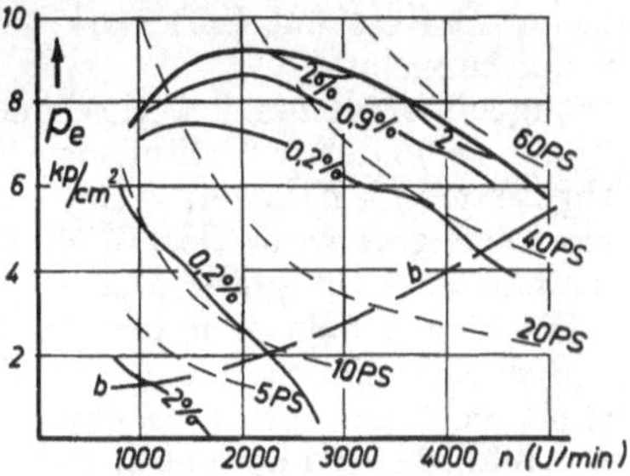

Bild 34. Prozentualer Gehalt der Abgase an CO im praktischen Betriebsbereich eines Otto-Automobilmotors von etwa 1,7 l Hubvolumen.

Die Kurven haben eine gewisse Ähnlichkeit mit den λ-Werten im p_e-n-Feld, das in Bd. I, Bild 43, ebenfalls für einen Ottomotor zu sehen ist. Die Ähnlichkeit kommt daher, daß eben das λ, wie es der Vergaser einstellt, für den CO-Gehalt maßgebend ist, wie Bild 33 zeigte. In Bild 43 (I. Bd.) und ebenso 34 ist eine Kurve *b* eingetragen, auf welcher der Betriebszustand eines Motors liegt, wenn der Wagen im höchsten Gang auf einer ebenen Straße fährt; je weiter rechts, um so größer die Geschwindigkeit. Praktische Folgerungen aus Bild 34:

Bei den mittleren, meist gefahrenen Geschwindigkeiten (z. B. 50—100 km/h; mittlerer Teil der Kurve *b*) stellt der Vergaser armes Gemisch ein (Bild 33, Zustand *y*); daher geringer Kraftstoffverbrauch je PS-h (siehe Bild 42 in Bd. I), kleiner CO-Gehalt der Abgase, nämlich etwa 0,2 % und weniger. Bei *Leerlauf* und *kleiner Belastung* dagegen reiches Gemisch (Kurve *b* links; Zustand *x*); man erreicht damit (Bd. I, D 10) gleichmäßigen Motorlauf; aber der Verbrauch und der CO-Gehalt sind hoch z. B. 2 % und mehr; daher in geschlossenem Raum, in der Garage, oft CO-Vergiftung u. U. mit tödlichem Ausgang. Bei *voll belastetem* Motor (Kurve *b* rechts) ist der Vergaser auch auf reiches Gemisch eingestellt, Zustand x; wunschgemäß (D 10) große Leistung; aber erhöhter Verbrauch b_e, hoher CO-Gehalt; bei dem dann meist schnellfahrenden Wagen entweicht jedoch das Auspuffgas mit Luft stark verdünnt und verwirbelt in der Umgebung.

Gegenüber diesen bei gleichmäßiger Fahrt auf ebner Straße geltenden Verhältnissen wird der CO-Gehalt der Abgase merklich höher, wenn der Wagen beschleunigt oder verzögert wird [66, 67] und ebenfalls bei Steigungen und Fahrt in großer Meereshöhe [62].

Die für die Belästigung und Gefährdung von Personen maßgebende Durchsetzung der Umgebungsluft mit CO hängt nicht nur vom prozentualen CO-Gehalt im Abgas ab (Bild 34), sondern auch von der absoluten Abgasmenge; diese ist bei großer Motorleistung größer, Bild 35.

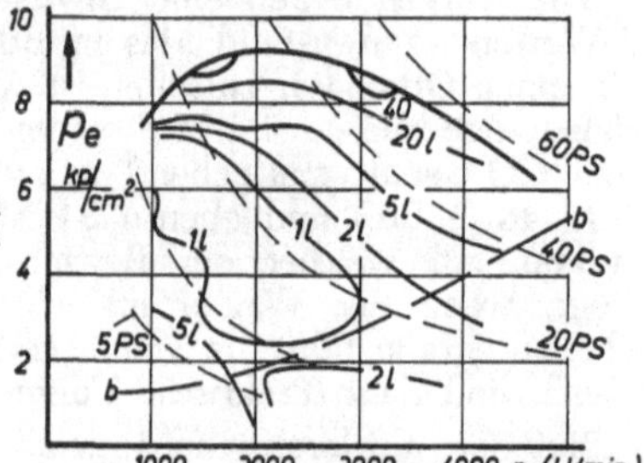

Bild 35. Absoluter Gehalt der Abgase an CO in Liter/min. Motor wie Bild 34.

Verteilung je Minute und je Kilometer Straßenlänge siehe [67], dort Bild 13 u. 14. — Klimatische Verhältnisse können die Ansammlung von Abgasen in der Atmosphäre begünstigen; bekanntes Beispiel die Stadt Los Angeles in Kalifornien. — Bei Kolonnenfahrt vieler Wagen kann es je nach Windstärke und -richturng zu erhöhter Einwirkung von CO kommen. — In Straßentunnels, namentlich wenn diese mehrere Kilometer lang sind, muß ein sorgfältig durchdachte künstliche Belüftung das Entstehen schädlicher CO-Konzentrationen verhindern [62]. — Bei der Konstruktion von Kraftwagen ist darauf zu achten, daß nicht Auspuffgas ins Wageninnere eindringen kann, was bei manchen Konstruktionen auf merkwürdigen Wegen vorgekommen ist.

Verminderung der Giftigkeit von Abgasen: Der an sich beste Weg ist der, die Verbrennung im Motor so zu verbessern, daß die Abgase weniger CO und andere schädliche Bestandteile enthalten. Bemühungen dieser Art sind im Gang, haben aber bis jetzt (Sommer 1965) zu keinem allgemein anerkannten Erfolg geführt. — Viel Mühe hat man aufgewendet, um durch *nachträgliche Verbrennung in der Auspuffanlage* das CO in CO_2 zu verwandeln; in der Auspuffanlage ist dabei ein Flammen-Nachbrenner, bei den meisten Systemen jedoch statt dessen ein Katalysator vorhanden, welcher die von CO zu CO_2 führende Reaktion begünstigt. Dabei treten u. a. folgende Schwierigkeiten auf: Die Katalysatoren werden meist erst bei ziemlich hoher Temperatur wirksam, die im Auspuff nicht immer vorhanden ist; sie neigen dazu, nach einiger Zeit an Wirksamkeit zu verlieren, namentlich unter dem Einfluß des Bleies im Benzin (Bd. I, D 7); Katalysatoren und die Stoffe, auf denen sie angebracht sind, widerstehen oft nicht den Dauerbeanspruchungen im fahrenden Auto; wenn bei Zündungsstörung Benzin, vom Motor unverbrannt, an den Katalysator gerät, wird die Auspuffanlage durch dessen Nachverbrennung übermäßig erhitzt; die zur Nachverbrennung notwendige Zusatzluft muß durch einen eigenen Kompressor in die unter Druck stehende Auspuffleitung gepumpt werden; Verteuerung und komplizierte Unterhaltung des Automobils. Unter diesen Umständen sind jetzt (1965) einige für brauchbar gehaltene Anlagen in Kalifornien in Einführung begriffen [68 a, b, c]; noch nicht in Europa, wo manche Vorbedingungen andere sind, z. B. das Hubvolumen der Motoren kleiner ist.

Das Kohlenmonoxyd ist zwar der objektiv gefährlichste Bestandteil der Abgase; aber außerdem enthalten diese noch weitere Bestandteile, die Belästigungen, namentlich unangenehmen Geruch hervorrufen können, wie Aldehyde, Peroxyde und andere; auch Kohlenwasserstoffe, aus nicht- oder teilverbranntem Kraftstoff stammend, gehören dazu; unter den in Kalifornien herrschenden Verhältnissen spielen gerade sie eine besondere Rolle. Absaugung aus dem Kurbelkasten in die Saugleitung verhindert wenigstens die durch Kolbenundichtheit im Kurbelkasten auftretenden Kohlenwasserstoffe am Austreten ins Freie (in Bundesrepublik bei neuen Wagen eingeführt).

Dieselmotoren (zu c)

Der Gehalt der Auspuffgase an Kohlenmonoxyd CO ist beim Dieselmotor unbedeutend. Konzentrationen unter 0,05 % sind häufig und nur ausnahmsweise werden 0,2 oder 0,3 % erreicht [10, 65, 66].

Unvollkommene Verbrennung führt beim Dieselmotor zur Bildung von Ruß im Auspuff (Bd. I, E 1), eine Belästigung und, namentlich nachts, eine Gefährdung im Straßenverkehr. Zur Messung des „Schwärzungsgrads" gibt es verschiedene Geräte, siehe z. B. [11 Abschn. VII].

Gehalt an Kohlensäure CO_2: Beim Übergang von großer zu kleiner Last vermindert beim Dieselmotor die unter b) genannte Güteregelung die Brennstoffzufuhr bei fast gleichbleibender Luftmenge; es steigt also λ und es sinkt nach Bild 33 im Bereich z der CO_2-Gehalt. — Im p_e-n-Kennfeld wird daher der CO_2-Gehalt der Abgase von p_e beeinflußt und kaum von n. Beispiel: Bei dem Dieselmotor des Bilds 32 wurden bei $c_m = 6$ m/s gemessen

bei p_e	= 1	2	3	4	5	6	6,5 kp/cm²
CO_2-Gehalt	= 3	3,9	4,8	6,0	7,5	9,5	10,7 Vol.-%

d) Ausnutzung der Energie der Abgase

Die wichtigste Form der Ausnutzung ist die Zuführung der Abgase in eine Abgasturbine, welche einen Lader (das Ganze „Abgasturbolader") antreibt, siehe unter G. — Eine Ausnutzung der in den Abgasen enthaltenen fühlbaren Wärme in den Abgaskesseln ist auf bestimmte Zwecke (z. B. Schiff) beschränkt [2, 13 II. Bd., 68].

e) Auspuffschalldämpfer, Konstruktion u. Wirkung, siehe Bd. III.

G. Das Aufladen von Verbrennungsmotoren

1. Überblick

Unter den Maßnahmen, die darauf abzielen, den Ladungswechsel zu verbessern und damit die Leistung des Motors zu erhöhen, ist das Aufladen die wirkungsvollste. Dabei wird dem Motor Luft (bei Ottomotoren u. U. brennbares Gemisch) zugeführt, die in einem Verdichter („Lader") auf höheren Druck gebracht worden ist. Da diese eine im Vergleich zu atmosphärischer Luft größere Dichte besitzt, wird die Ladung des Zylinders größer und damit die erzielbare Leistung.

Um einen Überblick zu geben, sei folgendes aufgeführt: Bei *Ottomotoren* wird das Aufladen heute nur selten angewendet; früher wurden Motoren von Sport- und Rennwagen manchmal aufgeladen; vor allem aber regelmäßig die Großflugmotoren, um ihre Leistung in größerer Flughöhe trotz der dort geringen Luftdichte hochzuhalten. Bei den *Dieselmotoren* wurden die Aufladeverfahren bei Viertaktmaschinen etwa seit 1945 so verbessert, daß Dieselmotoren heute bei Leistungen von einigen hundert PS sehr häufig, bei Leistungen von einigen tausend PS (namentlich Schiffsmaschinen) fast immer aufgeladen werden. — Das Aufladen der Viertaktmotoren (Abschnitt 2) unterscheidet sich grundsätzlich von dem der Zweitaktmotoren (3); es ist leichter und bis zu höheren Leistungssteigerungen ausführbar als jenes. — Der Verdichter („Lader") kann vom Verbrennungsmotor selbst (oft über Zahnräder) angetrieben werden (Bild 36); selten von einem Elektromotor; heute ist es die Regel, daß er von einer Turbine getrieben wird (Bild 37), welche von den Auspuffgasen des Verbrennungsmotors gespeist wird; diese „Abgasturbolader" sind zu einem hohen Grad der Vollkommenheit entwickelt worden. — In diesem kleinen Band wird überwiegend das Aufladen der

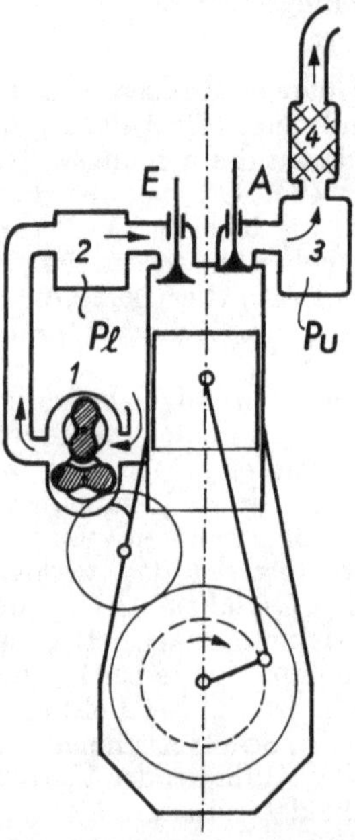

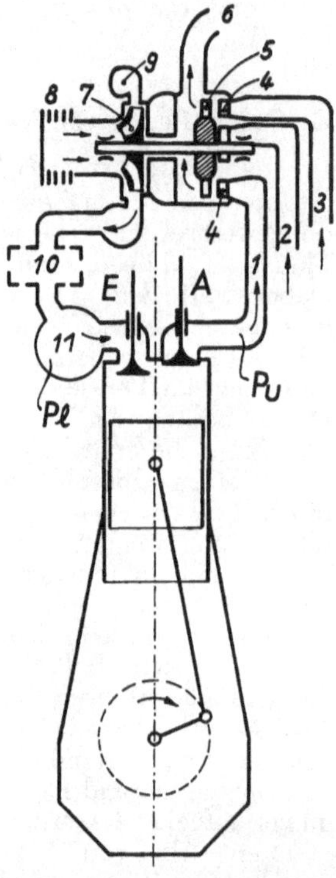

Bild 36. Aufgeladener Viertakt-Dieselmotor mit mechanisch angetriebenem Lader im Querschnitt. 1 Roots-Gebläse, 2 und 3 Sammelleitungen für Ladeluft und Aufpuffgase (am Mehrzylindermotor), 4 Schalldämpfer. p_l Ladedruck, p_u Auspuffdruck.

Bild 37. Aufgeladener Viertakt-Dieselmotor mit Abgasturbolader im Schnitt. 1 Auspuffleitung des geschnittenen Zylinders, 2 und 3 Auspuffleitungen anderer Zylinder oder Zylindergruppen, 4 bis 9 der Abgasturbolader: 4 Leitradschaufeln, 5 Laufradschaufeln der Turbine, 6 Abgasaustritt, 7 Laufrad des Laders, 8 Eintritt der Ansaugluft über Schalldämpfer, 9 Spiralrohr für Ladeluft, 10 allenfalls vorhandener Kühler, 11 Sammelleitung für Ladeluft. p_l Ladedruck, p_u Auspuffdruck.

Dieselmotoren wegen seiner weiten Verbreitung behandelt; näheres über das Aufladen von Ottomotoren, insbesondere Flugmotoren, siehe z. B. [8].

Ein anderer Weg zur Vergrößerung der Zylinderladung und damit der Motorleistung, der aber kaum Verbreitung gefunden hat, ist folgender:

Leistungssteigerung durch Zuführung sauerstoffangereicherter Luft:

Trockene Luft enthält 21 Vol.% (23,2 Gewichtsprozent) Sauerstoff (O_2), 78 Vol.% Stickstoff (N_2), 0,9 Vol.% Argon (Ar) und eine kleine Menge anderer Gase. Nachdem sich Sauerstoff zu mäßigen Preisen und in großen Mengen gewinnen läßt — vgl. seine heutige Verwendung bei der Eisen- und Stahlerzeugung — liegt der Gedanke nahe, dem Verbrennungsmotor zusätzlich zur atmosphärischen Luft als Partner der Verbrennung *Sauerstoff zuzuführen* und nicht vorverdichtete Luft; bei letzterer muß man ja den vielen Stickstoff mitverdichten, einen scheinbar unnützen Ballast. Dieses Verfahren hat sich aber nicht eingeführt, abgesehen von wenigen Sonderfällen [77], aus folgenden Gründen: Das Mitführen von Sauerstoff ist im Fahrzeug, dem Hauptanwendungsgebiet des Motors, beschwerlich; sauerstoffangereicherte Gemische in Saugleitungen neigen u. U. zu Rückzündungen; vor allem aber führt eine Sauerstoffanreicherung der Luft zu einer Erhöhung der Verbrennungstemperatur und damit zu größerer Erwärmung des Kolbens und des Ölfilms, auf dem die Kolbenringe laufen, was im Interesse der Laufsicherheit des Kolbens unerwünscht ist; nur eine kleine Sauerstoffanreicherung wird deshalb vom Motor vertragen. Der Stickstoff der Luft, der an der Verbrennung nicht teilnimmt, erweist sich Motor keineswegs als nur ein unnützer Ballast. Wenn in einem Gemisch, das O_2 und Brennstoff in gegebenen Mengen enhält, diese beiden Verbrennungspartner miteinander reagieren, entsteht eine gegebene Wärmemenge Q. Die durch sie hervorgerufene Temperaturerhöhung ist um so geringer, je größer die Gesamtmenge (und die spezifische Wärme) des Gases ist, auf welche sich das Q verteilt. Die große in der Luft enthaltene Menge des Stickstoffs hält also die Temperatur nieder, hält sie innerhalb der Grenzen, welche der Motor verträgt.

2. Das Aufladen des Viertaktmotors. Die für die Leistungssteigerung maßgebenden Einflüsse a bis d. Der Abgasturbolader (d)

Wenn man einen Verbrennungsmotor mit einem Lader (Bild 36) oder mit einem Abgasturbolader (Bild 37) zusammenwirken läßt, ist zu vermuten, daß das Entstehen einer gesteigerten Leistung auf verschiedenartige Einflüsse zurückgeht. Diese werden in Abschnitt a) bis d) behandelt werden. Ihre zusammengefaßte Wirkung s. Abschnitt 5.

a) *Dichtere Zylinderladung*

Wie beim nicht aufgeladenen („selbstansaugenden") Motor, ist auch beim aufgeladenen die Menge der Ladung zu Beginn der Verdichtung, also bei Schluß des *E*-Ventils, maßgebend; diese ist (s. F 4) $G = PV/RT$ bzw. $m = pV/RT$. Wenn man beim Aufladen den Druck P bzw. p steigert, wird die Menge größer. Beispiel: Beim nicht aufgeladenen Motor ist der Druck während des Einsaughubs, solange die Meereshöhe des Aufstellungsorts nicht zu groß ist, etwa 1 ata (= 1 kp/cm² absolut = 10 000 kp/m²); wenn er beim Aufladen z. B. auf 1,5 ata gesteigert wird, wird die Menge der aufgenommenen Luft auf das 1,5fache steigen und, konstantes T vorausgesetzt, damit auch die indizierte Leistung. Die Erhöhung des Drucks der eingesaugten Ladung ist die Hauptursache der beim Aufladen erzielten Leistungssteigerung.

Allerdings läßt sich praktisch eine Erhöhung der Temperatur T beim Verdichten nicht vermeiden und damit, da T im Nenner steht, eine relative Verminderung der Ladungsmenge. Es gibt zwar theoretisch eine Luftverdichtung ohne Temperaturerhöhung, die isotherme Verdichtung. Aber da diese an sehr langsames Verdichten gebunden ist, und der Ingenieur nicht langsam arbeitende (und dann entsprechend groß ausfallende), sondern gerade rasch arbeitende, daher kleine und billig herstellbare Gebläse zu bauen bestrebt ist, nähert sich in technischen Luftpumpen der Vorgang der adiabatischen Kompression ($PV^{\varkappa}$ bzw. $pV^{\varkappa}$ = Const.); bei ihr verläuft alles

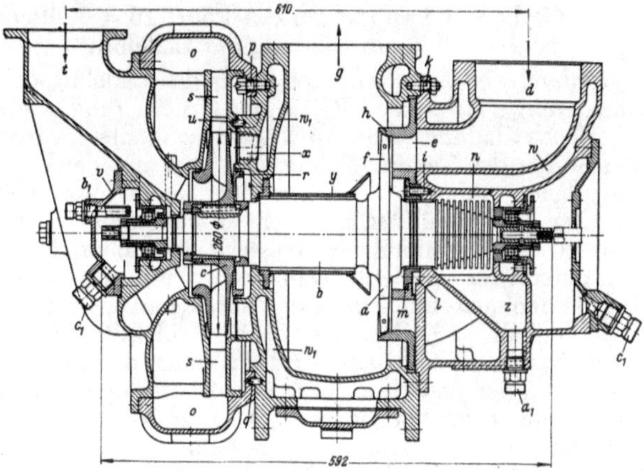

Bild 38. Abgasturbolader (Bauart Brown, Boveri & Cie). *a* Turbolaufrad, *b* Welle, *c* Laderrad, *d* Abgaseintritt, *e* Leitschaufel, *f* Laufschaufel, *g* Abgasaustritt, *h* Leitschaufelträger, *n* Sperrluftkammer, *o* Druckspirale des Laders (führt zu Luftaustritt), *r* Kolben für Axialschub-Ausgleich, *s* Diffusionsschaufeln, *t* Lufteintrittsstutzen, *w* Kühlwasserräume, *y* Wärmeschutz für Welle, a_1 Anschluß für Sperrluft, b_1 Schmierölzuleitung.

so rasch, daß zum Abführen der Wärme keine Zeit vorhanden ist. Im Beispiel erhöht sich bei adiabatischer Verdichtung eines Gases von 1,0 auf 1,5 ata dessen Temperatur auf das 1,123fache, d. h. bei 293° Kelvin (= 20° Celsius) Außentemperatur auf 329° Kelvin (= 56° C), also um 36°. Leider bleibt es dabei aber nicht, weil die in der Luftpumpe entstehenden Verluste die Luft noch weiter aufheizen. Bei einem adiabatischen Wirkungsgrad η_{ad} von 0,75 erhöht sich die Temperaturdifferenz von 36° auf 36/0,75 = 48°. Die Temperatur bei Verlassen des Laders wird also 293 + 48 = 341° Kelvin (68° C). Im Nenner wächst also im Beispiel T von 293 auf 341, d. h. auf das 1,16fache. Ergebnis im Beispiel: Der die Steigerung der Ladungsmenge bedeutende Bruch P/T obiger Gleichung wächst nicht wie sein Zähler auf das 1,50fache, sondern nur auf das 1,50/1,16 = 1,29fache. Daher das Bemühen um Kühlung der Ladeluft.

Kühlung der Ladeluft. Man kann die Ladeluft durch einen Kühler (10 in Bild 37) in der Druckleitung kühlen, bei Hochaufladung auch durch Zwischenkühler zwischen den Stufen des Laders. Kühler sind aber nur dann klein und daher nicht zu teuer in der Herstellung, wenn zwischen dem gekühlten und dem zu kühlenden Medium (also zwischen Ladeluft u. Wasser) ein großer Temperaturunterschied besteht, weil man dann mit kleinen Kühlflächen auskommt. Bei einer Aufladeanlage muß man also von Fall zu Fall prüfen, ob ein Ladeluftkühler sich lohnt. Nach dem Gesagten wird das meist dann der Fall sein, wenn der Ladedruck hoch ist, also die Ladeluft eine hohe Temperatur hat, oder wenn kaltes Kühlwasser zur Verfügung steht; letzteres ist z. B. beim Schiff, nicht aber bei Landfahrzeugen der Fall.

b) *Spülung d. Verdichtungsraums im Ladewechsel — o. T. „Büchi-Aufladung“.*

Beim aufgeladenen Motor ist die Aussicht auf erfolgreiche Durchspülung des Verdichtungsraumes und damit auf erhöhte Ladung des Zylinders viel besser als beim selbstsaugenden Motor (F 3 bei „Ventilüberschneidung“). Vor dem E-Ventil steht nämlich die Ladeluft unter dem Druck p_l bereit, um während der Überschneidung (Bild 39 oben links) durch die etwas geöffneten Ventile hindurch den Raum kräftig zu spülen; Voraussetzung ist ein geringer Druck p_u in der Auslaßleitung.

Beim Motor nach Bild 36 wird dieser Druck p_u genügend klein sein. Beim Motor nach Bild 37 erzeugt allerdings die Abgasturbine einen Staudruck p_u. Was ein an die Auspuffleitung angeschlossenes übliches träges Manometer anzeigt, ist ein Mittelwert p_{um}. Schon dieser ist bei den heutigen Turboladern niederer als p_l, und zwar um den Wert e, siehe Bild 39 unten. Aber in Wirklichkeit schwankt p_u stark, was nur wegen der Trägheit der Manometer nicht zum Ausdruck kommt, und im Zeitpunkt der Überschneidung ist das augenblickliche p_u noch bedeutend niederer, nämlich um f niederer als p_l. Wie schon in F 2 und 3 kurz beschrieben, ist dieser niedere Druck p_u eine Folge der vorhergegangenen örtlichen Druckerhöhung beim beginnenden Auspuff des Zylinders (der „Von A 2" bezeichneten Druckspitze) und der von dieser weglaufenden Druckwelle.

Infolge dieses stattlichen Druckgefälles ist der Spülstrom beim aufgeladenen Viertaktmotor sehr wirksam, namentlich wenn man die Überschneidung der Ventilöffnungszeiten entsprechend groß macht, was beim aufgeladenen Motor häufig geschieht. Er treibt nicht nur die Abgase aus, sondern kühlt auch noch den Zylinderraum,

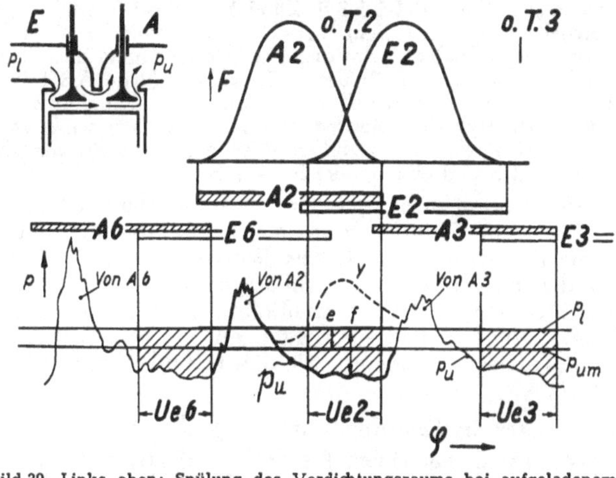

Bild 39. Links oben: Spülung des Verdichtungsraums bei aufgeladenem Viertaktmotor. Rechts oben: Öffnungsquerschnitt des Auspuff (*A*)- und Einlaß (*E*)-Ventils mit starker Überschneidung *Ue* 2 (gezeichnet für Zylinder 2 eines Sechszylinders). Unten: der schwankende Auspuffdruck p_u. Während *Ue* 2 ist p_u vorteilhafterweise um f kleiner als der Ladedruck p_l. Falls statt p_u die Druckwelle y: keine Spülung, da y größer als p_l. p_{um} Mittelwert des Auspuffdrucks.

wodurch nach F 4 die Ladung erhöht wird. Ein merklicher Teil der Leistungssteigerung beim Aufladen — gerade auch bei mäßigen Aufladedrücken — geht auf diese Ursache zurück.

Allerdings muß man eine mögliche Störung verhüten: In der Auslaßleitung darf während der Überschneidung der nützliche niedere Druck p_u nicht etwa durch eine von einem anderen auspuffenden Zylinder oder von Reflexion stammende Druckwelle (z. B. y in Bild 39) in einen schädlichen, das Spülgefälle vernichtenden hohen Druck verwandelt werden. Es darf also in die Auslaßleitung, in welche der betrachtete Zylinder (in Bild 39 Zyl. 2 eines Sechszylindermotors) auspufft nicht noch ein anderer Zylinder einmünden, der zu bald nach diesem seine Auspuffgase und damit einen Druckstoß y entsenden würde; z. B. darf bei einem Sechszylindermotor (Zündfolge 6-4-2-1-3-5; Zündabstand bei Viertakt 120° Kurbelwinkel) nach dem betrachtenden Zylinder 2 nicht etwa der Zylinder 1 in dieselbe Auslaßleitung auspuffen, sondern erst Zylinder 3; dessen Druckberg („von A 3") liegt genügend spät nach der Überschneidung des Zylinders 2. Bei einem Sechszylindermotor ist es also vorteilhaft, wenn man ihm zwei getrennte Auspuffleitungen gibt, eine für die Zylinder 6, 2, 3 und eine andere für 4, 1, 5.

Motoren mit mehr Zylindern als sechs erhalten deshalb meist entsprechend mehrere getrennte Auspuffleitungen („Büchi-Aufladung" nach dem Schweizer A. J. Büchi, der an der Entwicklung des Aufladeverfahrens maßgeblich beteiligt war). Diese Auspuffleitungen münden in der Abgasturbine in getrennte Kammern vor den Leitschaufeln (Teilbeaufschlagung), wie dies in Bild 37 angedeutet ist.

c) *Besserer mechanischer Wirkungsgrad*

Wenn man bei einem Motor den effektiven Druck p_e steigert, wird damit der mechanische Wirkungsgrad verbessert, weil die Reibung, absolut wenig angehoben, im Verhältnis zur Leistung kleiner wird. Näheres siehe S. 114. Beim Aufladen wird dadurch eine erhebliche Verbesserung der Leistung und Senkung des Brennstoffverbrauchs erzielt.

d) *Antriebsbedarf des Laders. Abgasturbolader. Stoß- und Staubetrieb.*

Die durch die Einflüsse a) bis c) gewonnene Motorleistung des aufgeladenen Viertaktmotors vermindert sich durch die Abgabe von Antriebsleistung an den Lader.

Der Lader muß vom Außendruck (bei nicht zu großer Meereshöhe ungefähr 1 ata, Linie 9, 7, 12, Bild 40) auf den Ladedruck p_l (Linie 8—1) verdichten. Das Endvolumen der gelieferten Ladeluft muß gleich dem Zylindervolumen sein, s. Punkt 1 in Bild 40; Mehrluft für Spülung nach obigem Abschnitt b) dabei vernachlässigt. Die theoretische Ladearbeit L_l wird also durch die Fläche 7-1-8-9 dargestellt; sie ist unten im Bild noch einmal herausgezeichnet. Die wirkliche Arbeit ist um die Gebläseverluste größer, man muß also durch den Wirkungsgrad des Laders dividieren. Übergang von Arbeit zur Leistung ähnlich wie in H 2 für den Motor beschrieben. — Dies gilt für alle Lader, seien sie mechanisch vom Motor (Bild 36) oder von einer Abgasturbine (Bild 37) angetrieben.

Beim *mechanisch angetriebenen Lader* muß diese Leistung von der Wellenleistung des Motors abgezweigt werden. Allerdings gewinnt man bei Einsaughub wieder etwas zurück: Während beim selbstansaugenden Motor (Bild 2) die E-Linie unterhalb der A-Linie gewesen war, daher die Ladungsschleife negativ (im Uhrzeigersinn zu umfahren) war, hebt sich (Bild 40) jetzt die E-Linie durch den Ladedruck in die Lage 0—1 an, die Schleifenfläche 0-1-5′-6′, wird positiv (Uhrzeigersinn), den Motor antreibend. Als ungefähren Anhalt für den Leistungsbedarf des mechanisch angetriebenen Laders kann man bei Dieselmotoren annehmen, daß jedes Zehntel at Ladedruck eine Antriebsleistung von 3 % der nichtaufgeladenen Nennleistung des Motors verlangt. War letztere z. B. 100 PS und beträgt $p_l = 0{,}25 = 2{,}5/10$ atü, so braucht der Lader etwa $0{,}03 \cdot 2{,}5 \cdot 100 = 7{,}5$ PS. Das Aufladen mit mechanisch angetriebenem Lader hat also den Nachteil, daß von der gewonnenen Motormehrleistung (die

Bild 40. Schematisches p-V-Diagramm des Viertakt-Dieselmotors bei Aufladung. L Arbeitsflächen von:
L_a Motor
L_w Gaswechsel
L_L Lader L_T Turbine

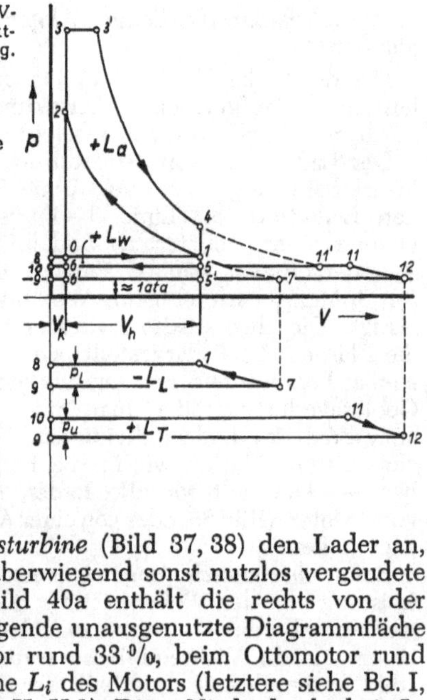

im Beispiel etwa 25 PS wäre) ziemlich viel für den Lader abgezogen werden muß, was sich namentlich im Brennstoffverbrauch pro PS/h des Dieselmotors nachteilig bemerkbar macht.

Treibt eine Abgasturbine (Bild 37, 38) den Lader an, so verwertet diese überwiegend sonst nutzlos vergeudete Abgasenergie. In Bild 40a enthält die rechts von der Auspufflinie 4--1 liegende unausgenutzte Diagrammfläche L_u beim Dieselmotor rund 33 %, beim Ottomotor rund 40 % der Arbeitfläche L_i des Motors (letztere siehe Bd. I, A 6 und C 2 und Bd. II, H 1). Diese Niederdruckarbeit L_u läßt sich durch eine Vergrößerung des Zylinders nicht lohnend ausnützen, weil eine Kolbenmaschine, für Hochdruck gebaut, bei Vergrößerung im Vergleich zum Leistungsgewinn in der Herstellung zu teuer wird (zwar sind Maschinen mit verlängerter Dehnung vorgeschlagen worden [71, 78], welche einen kleinen Teil der Fläche L_u ausnützen, haben aber kaum Verbreitung gefunden); wohl aber lohnt sich die Ausnützung von L_u in einer Turbine, also einer Maschine, welche ihrer Natur nach bei kleinen Abmessungen (und daher geringen Herstellungskosten) große Gasvolumina zu bewältigen geeignet ist. Daß eine Turbine bezüglich der Drehzahl mit einem

Kreiselverdichter (Axial- und Radial-Gebläse) gut zusammenpaßt und mit ihm direkt gekuppelt werden kann, erhöht noch die Eignung. Die Entwicklung von Turbine und Lader zu hohem Wirkungsgrad und hoher Betriebssicherheit haben den Abgastubolader zu einer sehr brauchbaren Maschine werden lassen.

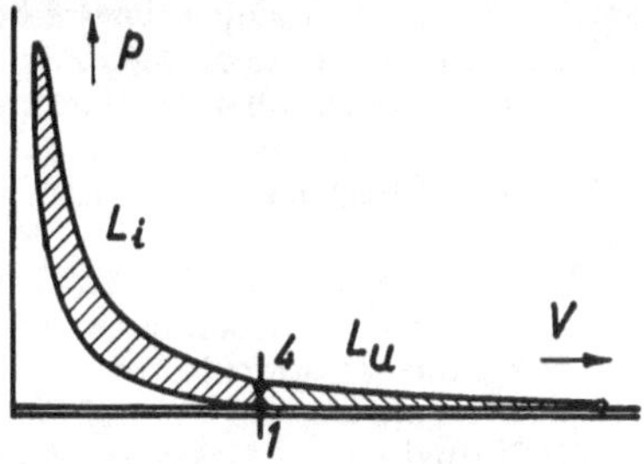

Bild 40 a. L_i im Kolbenmotor ausgenutzte, L_u nicht ausgenutzte Arbeitsfläche.

Die Fläche L_u, beginnend bei Punkt 4, läßt sich allerdings auch mit der Abgastubine nicht völlig ausnützen. Die Aussicht auf weitgehende Ausnützung bietet sich, wenn man die Turbine dicht hinter dem Auspuffventil bzw. dem Auspuffschlitz anbaut, wo die kinetische Energie des austretenden Gases noch ziemlich erhalten ist, dort, wo also die Turbine den Gasstoß des Vorauspuffs (vergl. die Druckspitzen in Bild 39) ausnutzt; sog. „*Stoßbetrieb*" (auch Impuls- oder Freiauspuff-Betrieb, oder Betrieb ohne Stau genannt). Jeder Zylinder müßte also eine eigene Turbine haben, in welcher Extremität der Stoßbetrieb jedoch kaum je verwirklicht wird. — Im Gegensatz dazu kann man die Auspuffgase mehrerer (im Extremfall aller) Zylinder in einer Sammelleitung zusammenführen und stauen, indem man sie von dort durch *eine* Turbine ins Freie austreten läßt; sog. „*Staubetrieb*". In einer Sammelleitung größeren Querschnitts wird die Strömungsgeschwindigkeit der Teilchen klein, an die Stelle des dynamischen Drucks, den eine eindimensional gerichtete Strömung erzeugt, tritt ein statischer Druck; durch die bei dieser Umwandlung gesteigerte ungeordnete Bewegung der Moleküle erhöht sich die Temperatur des Gases; man mißt daher vor der Turbine eine höhere Auspufftemperatur (bei Dieselmotoren um bis 250°, bei Ottomotoren um bis 300° C höher) als dicht am Motor [4, 8]. — Wohl die meisten Abgasturbinen laufen nicht in reinem Stoß- oder reinem Stau-Betrieb, sondern in einem dazwischen liegenden Zustand; siehe die in Abschnitt b) genannten Fälle, in denen zwei oder drei Zylinder über eine verhältnismäßig kurze und enge Leitung ein Düsengruppe der Turbine speisen.

In Bild 40 liegt der Staudruck vor der Turbine auf der Höhe der Linie 10-5-11, also erheblich unterhalb des Punktes 4. Die theoretische Arbeitsfläche L_T der Turbine ist 11-12-9-10; sie ist unten im Bild nochmal herausgezeichnet. Sie entspricht bei der verlustlos gedachten Turbine der bekannten Formel $L = I_{\text{I}} - I_{\text{II}}$, wobei I_{I} und I_{II} die Enthalpie des Gases am Anfang und am Ende des Arbeitsprozesses bedeuten; statt des Buchstaben I wird neuerdings auch H benutzt. Die geleistete Arbeit der wirklichen Turbine ist wegen der Verluste kleiner, man muß L_T mit dem Turbinenwirkungsgrad multiplizieren. — In der Dehnungslinie 3′-4-12 ist zwischen 11′ und 11 eine Volumenvergrößerung eingezeichnet. Ihre Ursache ist die oben genannte Temperaturerhöhung des Gases, wenn es in der Sammelleitung seine kinetische Energie verliert; diese Erhöhung bewirkt bei vorgeschriebenem Druck (Linie 10-5-11) eine Volumenvergrößerung. — Im Diagramm hebt sich die Auspufflinie 5′-6′ auf den Staudruck 5-6 an; die mithelfende positive Diagrammschleife des Ladungswechsels wird dadurch kleiner.

Vergleich zwischen Stoß- und Staubetrieb: *Im Stoßbetrieb* ist die Turbine an *der* Stelle eingebaut, an welcher die Aupuffgase noch ihre große kinetische Energie besitzen; allerdings wird die Turbine von Gasen rasch wechselnder Geschwindigkeit durchströmt, was ihren Wirkungsgrad herabsetzt, da man die Schaufeln nur für *einen* Gaszustand optimal auslegen kann. Außerdem braucht man für einen Mehrzylindermotor mehrere Abgasturbolader. Beim *Staubetrieb* wird der Turbine ein Treibgas zugeführt, das schon an Energie verloren hat; aber die Turbine verarbeitet ein Gas von ziemlich gleichbleibender Geschwindigkeit und gleichem Zustand mit entsprechend gutem Wirkungsgrad, und man benötigt nur *einen* Abgasturbolader. – Beim Zweitaktdieselmotor führt die knappe im Auspuffgas überhaupt enthaltene Energie (siehe G 3) zu häufigerer Anwendung des Stoßbetriebs. – Der Vorsprung des Stoßbetriebs vor dem Staubetrieb hinsichtlich Energieerzeugung wird bei hohen Aufladedrücken geringer.

Durch Lader, Motor und Turbine strömt fast die nämliche Gasmenge; der Zusatz in flüssigem Brennstoff im Motor (z. B. 3 % beim Dieselmotor) spielt kaum eine Rolle. Die Volumina des Gases sind aber in der Turbine viel größer als im Lader, so daß L_T größer als L_L wird; eine Folge der Erwärmung des Gases im Motor, welche ja die Quelle der Turbinenleistung ist. Von L_T muß vorweg die Verlustarbeit der Turbine und des Laders gedeckt werden; der Rest davon verbleibt für die nutzbare Ladearbeit L_L. Durch die hohe Abgastemperatur des Viertakters und durch die guten heutigen Wirkungsgrade beider Maschinen verbleibt so viel, daß man den Lader für ein erhebliches Druckverhältnis auslegen kann, ein größeres als es die Turbine hat; es ist also der Ladedruck p_l größer als der Abgasdruck p_u vor der Turbine.

Bei Ottomotoren mit ihrer großen Abgasenergie ist die Turbinenleistung u. U. größer als der Leistungsbedarf des Laders; die Abgasturbine kann dann Leistung über Zahnräder an die Kurbelwelle abgegeben, wovon man bei manchen Großflugmotoren Gebrauch gemacht hat.

3. Das Aufladen des Zweitaktmotors

Wenn man bei einem Viertaktmotor in die Saugleitung mehr Luft hineinpumpt als der Motor selbst ansaugen würde, kann diese aus dem Zylinder nicht entweichen, da das Auspuffventil Mitte und Ende des Einsaughubs geschlossen ist; der Motor wird aufgeladen. Dagegen bleibt beim Zweitaktmotor in die Spülleitung eingeführte Mehrluft nicht im Zylinder, solange die Auspuffschlitze während der Spülung geöffnet sind. Will man die Ladung erhöhen, muß man bei Zweitakt nicht nur mehr Luft hineinpumpen, sondern auch den Auspuff aufstauen. Vorübergehend war dies schon bei den unsymmetrischen Anordnungen der Bilder 4, 6 bis 11 und 19 (g_3) geschehen. Will man mehr Aufladung erreichen, drosselt man nach Bild 41 die Auspuffleitung dauernd; Staudruck p_u.

Bild 41. Gebläse, Zweitakt-Dieselmotor, Auspuff-Drosselschieber. Darunter Linien zugehörigen Drucks: Ausgezogen: Wenn Schieber offen: Nur Spülung. Gestrichelt: Wenn Schieber drosselt: Spülung und Aufladung.

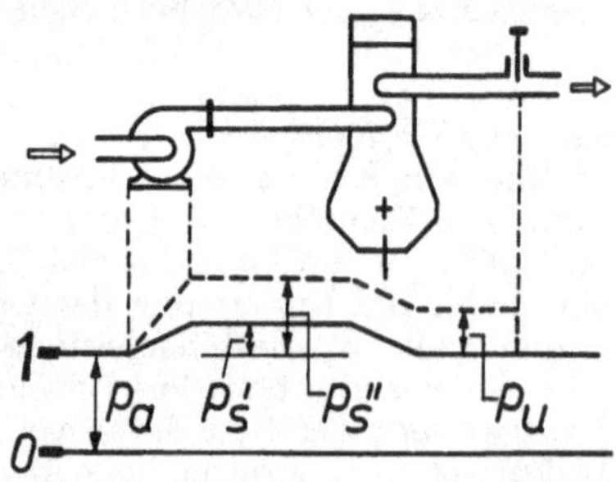

Offenbar muß man dann aber auch den Spüldruck p_s' auf den Spül- und Ladedruck p_s'' erhöhen; denn sowie am Motor der Überdruck $p_s'' - p_u$ fehlen würde, würde die Spülung aussetzen und der Motor stehenbleiben. S. die gestrichelte Linie; jetzt ist vor und hinter dem Motor das Druckniveau gehoben, ähnlich wie wenn die Erdkugel eine größere Masse angenommen hätte und durch die erhöhte Gravitation eine dichtere Atmosphäre festhalten würde.

Die Stauung des Auspuffs werden wir nicht durch einen Schieber, sondern durch eine Auspuffturbine vornehmen. *Die Frage* ist, ob diese genug Leistung aufbringt, um das Gebläse antreiben zu können. Dabei ist zu bedenken, daß jetzt das kombinierte Lade- und Spülgebläse (meist einfach Lader genannt) mehr Leistung braucht als vorher das reine Spülgebläse; p_s'' statt p_s', dazu größere Fördermenge.

Die Verhältnisse liegen ungünstiger als beim Viertakt, weil die Abgase eines Zweitaktmotors eine geringere Temperatur haben und damit der Turbine weniger Energie zuführen als beim Viertaktmotor; vgl. F. 13, S. 65 Tabelle u. 66; Ausnützung bei Stoß- und Staubetrieb s. S. 83. Bei der Beantwortung der obigen Frage ist ferner zu prüfen, ob die Turbinenleistung auch bei Teillast und bei Fahrzeug- und Schiffsmotoren (s. J 5, 6) auch bei niederen Drehzahlen des Dieselmotors zum Antrieb des Laders ausreichen wird; zwar ist dann auch der Bedarf an Ladeluft kleiner; jedoch sinkt die Auspufftemperatur im Vergleich zu der Nennlast weit ab (Bild 32). Endlich muß gerade beim großen Schiffs-Zweitaktdiesel sichergestellt sein, daß er beim Anlassen (mit Preßluft) genügend Spülluft erhält, um sicher zu zünden, beim Manövrieren im Hafen mit geringer Drehzahl gleichmäßig läuft und den Umsteuerbefehlen (Vor- und Rückwärtsfahrt) sicher gehorcht.

Unter Berücksichtigung dieser Gesichtspunkte ist die im vorletzten Absatz gestellte Frage folgendermaßen zu beantworten:

Es gibt eine Anzahl von Zweitaktmotoren, bei denen die Abgasturbine *allein* die notwendige Antriebsleistung für den Lader in allen Betriebszuständen aufbringt; siehe z. B. Bild 42. Es handelt sich um einen großen Schiffsmotor mit *Gleichstrom*spülung (vgl. Bild 4). Gasseitig arbeitet die Abgasturbine 4 im Stoßbetrieb; kurze relativ enge Leitung vom Auspuffventil 3 zu ihr. Luftseitig pumpt der Lader 5 durch einen Kühler 6 die Luft in eine Sammelleitung 7, die an jedem Zylinder mit einem den ganzen Zylinderunterteil und die Spülschlitze 9 umfassenden Luftbehälter 8 verbunden ist. Um einen Begriff der Maße für dieses Beispiel zu geben: Eine von der Firma Burmeister & Wain, Kopenhagen, gebaute Maschine Zylinderdurchmesser D = 0,74; Hub 1,60; Gesamthöhe rund 11 m; Leistung N bei 115 Umdr./min 1500 PS je Zylinder. Kreuzkopfbauart: Kreuzkopf 2, darüber längsbewegte Kolbenstange, darunter schwingende Kurbelstange 11. (Im Gegensatz bei mittleren und kleinen Motoren die Tauchkolbenbauart, bei der die schwingende Kurbelstange, das Pleuel, am Kolben angelenkt ist; z. B. Bild 4.)

Bei vielen anderen Zweitaktmotoren (namentlich solchen mit *Schleifenspülung)* reicht aber die Turbinenleistung nicht ganz zur Erzeugung der Ladeluft aus; insbesondere, wenn abgasseitig Staubetrieb vorliegt. Dann sind *ergänzende,* vom Dieselmotor angetriebene *Pumpen* notwendig. Z. B. speist in Bild 43a der von Turbine 4 angetriebene Lader 5 durch den Kühler 6 hindurch die Kolbenluftpumpe 12; diese erst erhöht den Druck auf den gewünschten Spül- und Ladedruck; Reihen- oder Serienschaltung beider Pumpen. Aber auch Parallelschaltung ist möglich; bei dieser erzeugt jede der Pumpen zwar den vollen Ladedruck, liefert aber nur einen Teil der Luftmenge (Bild d).

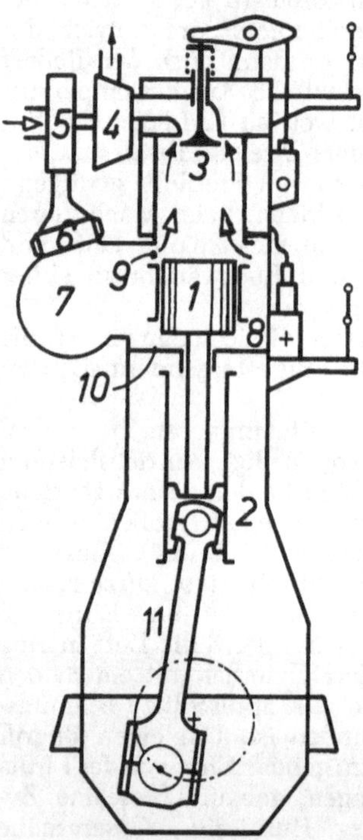

Bild 42. Zweitakt-Schiffsdieselmotor mit Gleichstromspülung und Abgasturbolader 4, 5. Außer 5 keine weiteren Luftpumpen.

Bei diesen großen Motoren mit Kreuzkopf wird oft die Unterseite des Zylinders als zusätzliche Luftpumpe verwendet, eine konstruktiv vorteilhafte Lösung: Alle solche Motoren haben nämlich an sich schon unterhalb des Zylinders einen Zwischenboden 10, damit nicht, vom Zylinder herabfallend, halbverbranntes Schmieröl oder Brennstoff, Kokskrusten und Verbrennungsgase in den Kurbelraum und in das dort befindliche Schmieröl geraten; die Kolbenstange durchdringt dabei den Boden 10 in einer Stopfbüchse. Es ist also bereits unter dem Kolben ein geschlossener, als Hilfspumpe verwendbarer Raum da. Dazu hat die Unterseite wie jede Kolbenpumpe einen guten Wirkungs-

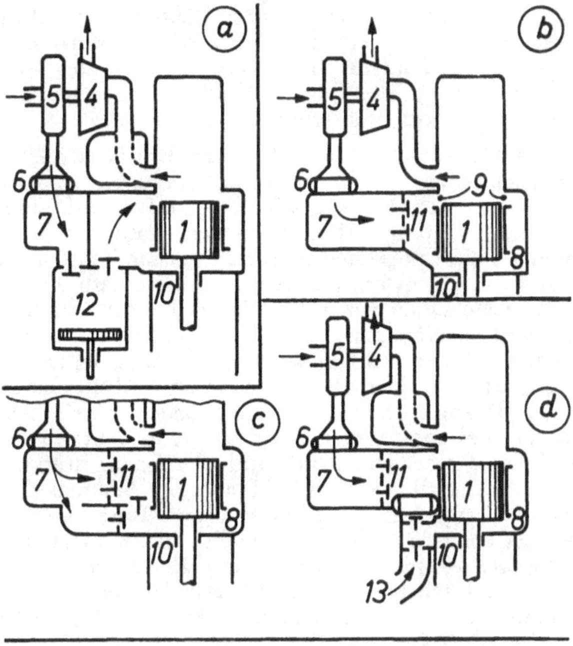

Bild 43. Große Zweitaktmotoren (Kreuzkopfbauart; Auspuff- und Spül-Schlitze stark schematisiert) mit Abgasturboladern 4—5 und zusätzlichen Kolbenpumpen. Bild a Serienschaltung von Lader 5 und Kolbenpumpe 12, Bild d Parallelschaltung von 5 und Kolbenpumpe 8. Kombinierte Schaltungen *b* sowie *c*/*d* s. Text.

grad. Von den verschiedenen Möglichkeiten des Zusammenwirkens dieser Unterseite mit dem Abgasturbolader zeigen die Bilder 43b und c—d zwei Beispiele.

In Bild b erzeugt der abwärtsgehende Kolben 1 bei noch verdeckten Spülschlitzen 9 unten einen ansehnlichen Überdruck, der größer ist als der vom Lader erzeugte Druck in der Sammelleitung 7, weshalb die Rückschlagventile 11 zunächst geschlossen bleiben. Nach Freilegung der Spülschlitze kräftiger Spülstrom. Später, etwa am unteren Totpunkt, ist der Druck in Raum 8 durch Abströmen von Gas und Luft in den Auspuff so gesunken, daß der Druck der Laderluft in 7 überwiegt, diese die Ventile 11 aufdrückt und die Spülung bis zum Ende übernimmt (Gebrüder Sulzer, Winterthur).

Man stelle sich ferner einen großen Sechszylinder-Schiffsmotor vor, von dem vier Zylinderunterseiten nach Bild c, zwei nach Bild d geschaltet sind. Die Lader füllen die Sammelleitung 7. Bei *langsamem* Lauf des Motors erzeugen die Unterseiten nach Bild c mehr Druck als die noch wenig Druck erzeugenden Lader, weshalb die Ventile 11 beim Druck von 8 geschlossen bleiben; die Ladeluft wird beim Saughub aus 7 der Zylinderunterseite 8 in Serie zugeführt, wie in Bild a. Die Unterseiten nach Bild d arbeiten ebenfalls, indem sie bei 13 Luft aus dem Freien ansaugen. Selbst wenn die Lader nicht arbeiten würden, bekommt also der Motor Spülluft. Bei *raschem* Lauf des Motors und damit auch der Lader drückt die Ladeluft überall die Ventile 11 auf; bei Bild c deshalb, weil der Lader mehr Luft fördert als die Unterseiten aufnehmen können. Außer der Ladeluft bekommt aber der Motor wie wünschenswert noch Zusatzluft, nämlich durch die parallel arbeitenden, bei 13 ansaugenden zwei Kolbenunterseiten. Serienparallelbetrieb Maschinenfabrik Augsburg-Nürnberg (MAN).

Gasseitig können bei Bild a, c und d die Turbinen sowohl im Stoß- als auch im Stauverfahren betrieben sein, wie in den Zeichnungen durch den ausgezogenen

Auspuffsammler und die gestrichelte Stoßleitung angedeutet.

Zahlenwerte über einen aufgeladenen Zweitaktmotor s. Abschnitt 5.

4. Beanspruchung des Motors und des Laders beim Aufladen

Druck im Zylinder. Der Verdichtungsenddruck p_2 ist nach Band I, C 3, $p_2 = p_1 \cdot \varepsilon^n$; dabei p_1 Druck am Anfang der Verdichtung, ε das Verdichtungsverhältnis und n der meist zwischen 1,32 und 1,37 liegende Polytropenexponent; Unterschied zwischen ε und ε' hier vernachlässigt. Wenn man dem Motor im Lader vorverdichtete Luft zuführt, steigt p_1 und damit im nämlichen Verhältnis p_2. Der Zünddruck p_z baut sich wieder auf p_2 auf, steigt also beim Aufladen mit diesem. Hoher Zünddruck beansprucht viele Teile vermehrt, z. B. Kolbenstange, Kurbelwelle und vor allem die Lager. Jedoch ist die Steigerung des Zünddrucks nicht so hoch und nicht so schädlich, wie man auf dem ersten Blick meinen sollte, und zwar aus folgenden Gründen:

a. Man kann beim aufgeladenen Dieselmotor das Verdichtungsverhältnis nieder ansetzen (z. B. $\varepsilon = 13$), nachdem ein Teil der Gesamtverdichtung vom Lader übernommen wird; vorausgesetzt, daß das Zünden beim kalten Anlassen gesichert werden kann.

b. Man darf erfahrungsgemäß beim Aufladen die Verbrennung langsamer, d. h. mit kleinerem p_z ablaufen lassen, ohne daß Auspufftrübung eintritt. Die „gemischte Verbrennung" (Bd. I, Bild 18) darf sich also mehr der Gleichdruckverbrennung (Bild 19) nähern und sich weiter von der Gleichraumverbrennung (Bild 17) entfernen.

c. Die heutigen Motoren haben an sich schon kräftige Kurbelwellen, mit axial kurzen Lagerzapfen (kleine Durchbiegung und Schrägstellung), geeignete Lagerschalen und reichliche, auch kühlende Schmierung und vertragen daher große Kolbenkräfte.

Als ungefährer Anhalt seien Zünddrücke p_z an einem hoch aufgeladenen, genau durchgemessenen Viertaktdieselmotor (D = 300, s = 450 mm; n = 400 U/min; MAN) nach [74] angegeben; Zahlen abgerundet; erste Zahlen $p_e = 6$, $p_z = 60$ und p_l = 1,3 kp/cm² bedeuten Zustand *ohne* Aufladung. Zahlen in Klammern neben jeder Zahl: das Vielfache dieses Wertes:

p_e =	6	(1)	9	(1,5)	12	(2)	15	(2,5)	18	(3)
p_z =	60	(1)	80	(1,3)	100	(1,7)	117	(1,9)	140	(2,3)
p_l =	1,3	(1)	1,6	(1,2)	2,0	(1,5)	2,4	(1,8)	2,9	(2,2)

Alle Drücke in kp/cm²; bei p_e und p_z Überdruck, bei p_l absoluter Ladedruck.

Der Zünddruck p_z ist dabei ziemlich genau das 50fache des Ladedrucks p_l.

Bei großen Zweitaktschiffsmotoren, bei denen die Leistung durch Aufladen um 30 % gesteigert wird, wächst der Zünddruck meist um etwa 10 kp/cm² [86a].

Bisher ist es unter diesen Umständen konstruktiv gelungen, die wegen der erhöhten Drücke notwendige Verstärkung der Motorteile in solchen Grenzen zu halten, daß der Herstellungsaufwand für den aufgeladenen Motor nicht übermäßig groß wurde.

Temperatur im Zylinder. Beim Aufladen werden ungefähr nur soviel Prozente mehr an Brennstoff dem Motor zugeführt (gegenüber dem nicht aufgeladenen Zustand), wie man ihm auch mehr Prozente Luft zugeführt hat; d. h. das Luftverhältnis λ bei der Verbrennung (Band I, A 4, B 3, D 10, E 1) wird unverändert gelassen. Dies bedeutet, daß die Temperaturerhöhung der Gase durch die Verbrennung ($t_2 - t_1$) aufgeladen und nicht aufgeladen dieselbe bleibt. Aber in Wirklichkeit nehmen aber die Wände des Verbrennungsraums, vor allem der hinsichtlich Temperatur empfindliche Kolben und der Ölfilm an der Zylinderwand, durch das Aufladen eine merklich höhere Temperatur an [74]. Erstens weil die Temperatur der Gase im Zylinder in Wirklichkeit sich doch etwas erhöht, zweitens und vor allem weil die Übergangszahl α vom Gas an die Wand durch den höheren Druck (und etwas höhere Temperatur) größer wird; ungefähr gilt im Motor nach [74] die Formel $\alpha = k\sqrt{p\,T}$. Wenn man die gemessene Temperatur der verschiedenen Wandteile des Verbrennungsraums abhängig vom beim Aufladen erreichten mittleren Druck p_e aufträgt, ergeben sich zwar für die einzelnen Teile (z. B. für Kolbenmitte, Kolbenrand nahe dem obersten Ring, Zylinderwand in verschiedener Höhe, Boden des Zylinderdeckels) etwas verschiedene Anstiegskurven, aber als Anhalt kann man sich ziemlich an die Regel halten, daß beim Aufladen die Temperatur der Teile (in Grad Celsius) etwa im Verhältnis $\sqrt{p_e/p_{e0}}$ wächst, wenn p_e und p_{e0} der mittlere Druck bei Nennlast mit und ohne Aufladung sind.

Klopfgefahr bei aufgeladenen Benzin-Ottomotoren. Die Gefahr steigt gegenüber dem selbstansaugenden Motor durch die Vorverdichtung des Gemischs im Lader und durch die höheren Temperaturen im Zylinder. Dies spielte eine wichtige Rolle bei Großflugmotoren, bei denen nur die Aufladung den Flug in großen Höhen ermöglichte und daher unentbehrlich war. Unter den Gegenmaßnahmen [8] war die Entwicklung hochfester Flugkraftstoffe (z. B. OZ 130) die wirksamste.

Beanspruchung der Schaufeln bei Abgasturbinen. Bei den durch die Fliehkraft und Gaskräfte hoch beanspruchten Laufradschaufeln darf die Temperatur nicht so hoch ansteigen, daß die Festigkeit des Baustoffs zu sehr nachlassen würden. Die Abgase von Dieselmotoren bringen keine so hohen Temperaturen mit sich (s. F 13 Tab.), daß etwa bei Rädern und Schaufeln die Verwendung extrem warmfester und entsprechend teurer Baustoffe notwendig wäre; wohl aber ist dies bei den heißeren Abgasen der Ottomotoren der Fall. — Niederschläge von aus dem Brennstoff stammenden Schlacken (Vanadiumpentoxyd, Natriumsulfat) kommen an den Schaufeln gelegentlich vor [75]. Gegen im Abgas allenfalls mitgerissene Bruchstücke von Kolbenringen schützt man manchmal die Beschaufelung durch Gitter in der Auspuffleitung.

Zahlenwerte für aufgeladene Dieselmotoren

Motor		I	II	III	IV	V
Viertakt oder Zweitakt		4	4	4	4	2
Zylinder ∅ D mm		320	450	175	185	700
Hub s mm		450	660	205	200	1200
Zahl der Zylinder		6	6	12 (V)	16 (V)	8
Drehzahl n Umdr./min		380	250	1500	1500	130
Mittl. Kolbengeschw. c_m m/s		5,7	5,5	10,2	10,0	5,2
Ohne Aufladen	N_e PS	500	*)	700	*)	5600
	p_e kp/cm²	5,5	*)	7,1	*)	5,2
Mit Aufladen	N_e PS	1000	2800	1100	2000	9300
	p_e kp/cm²	10,9	16	11,2	14,0	8,66
Ladeluft vor Motor	Ladeluftkühler	mit	mit	ohne	mit	mit
	Ü.-dr. p_l kp/cm²	0,90	1,5	1,95	2,1	0,7
	Temper. t_l °C	50	40	105	50	40
	$V/_h$ m³/h	5000	12 000	4500	7350	73 500
	V/PS_h m³/PSh	5	4,3	4,1	3,7	7,9
Auspuffgas vor Turbine	Ü.-dr. p_u kp/cm²	0,66	1,0	**)	**)	**)
	Temper. t_u °C	450	490	590	620	370

*) nicht angegeben, da Motor nur mit Aufladung geliefert wird.

**) statischer Druck nicht angebbar, da Stoßaufladung.

5. Beispiele für ausgeführte aufgeladene Motoren.

Die Tabelle bringt für fünf verschiedene Arten von Dieselmotoren typische Zahlenwerte (Stand 1964), wie sie sich ausgebildet haben aus dem Zusammenwirken der verschiedenen beim Aufladen vorhandenen Einflüsse (G 2 und 3), aus den durch die Beanspruchung gesetzten Grenzen (G 4) und nicht zum wenigsten aus wirtschaftlichen Überlegungen.

Motor I (Klöckner-Humboldt-Deutz Type S/RBV6M 545) ist ein Vertreter der Viertakt-Dieselmotoren mittleren Gewichts und mittlerer Drehzahl, die in Leistungen von etwa 100 bis 2500 PS für alle möglichen Verwendungszwecke gebaut werden. Je nach Bedarf werden sie nicht oder in verschiedener Höhe aufgeladen; dabei meist bis etwa $N/N_0 = 1{,}6$ ohne, darüber mit Ladeluftkühlung.

Motor II (MAN Augsburg KV 45/66) gehört zu den speziell für hohe Aufladung gebauten Viertakt-Dieselmotoren, s. $p_e = 16$ kp/cm².

Motor III und IV (Mercedes-Benz MB 820 Bb und Maybach MD 870) sind Schnelläufer leichter Bauart, insbesondere verwendet für Eisenbahntriebwagen und Lokomotiven. III ohne, der hochaufgeladene Motor IV mit Ladeluftkühler.

Motor V (MAN Augsburg KZ 70/120 D) ein langsamlaufender einfach wirkender Zweitaktmotor, insbesondere Antriebsmaschine für seegehende Schiffe. Beachte im Vergleich zum Viertakt die kleinere Auspufftemperatur t_u und das größere Luftvolumen in m³/PS h.

H. Leistung Ne des Verbrennungsmotors und ihre Berechnung; mittlerer Druck p_e, Drehmoment M_d, mittlere Kolbengeschwindigkeit c_m, Literleistung, Reibung; Einfluß der Atmosphäre; Leistungsbezeichnungen.

1. p-V-Diagramm, Arbeit L_i, mittlerer indizierter Druck p_i

Diese Begriffe wurden in Band I im einführenden Abschnitt A 5—7 in Kürze erklärt; vgl. dort auch C 2.

Wegen des Anschlusses an die folgenden Abschnitte werden sie hier kurz wiederholt und ergänzt:

Das p-V-Diagramm, also Druck-Volumen-Diagramm, (s. Bild 44, 45) wird am laufenden Motor mit dem Indikator gewonnen (Bild 1 in Bd. I, rechts oben), welcher den wechselnden Druck im Zylinder über dem jeweiligen Volumen des Zylinders aufzeichnet.

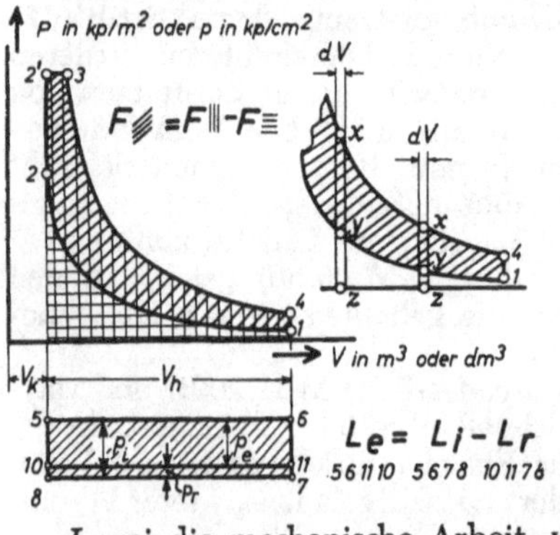

Bild 44. Schematisches Druck-Volumen-Diagramm eines Verbrennungsmotors. Unten das der Diagrammschleife F flächengleiche Arbeits-Rechteck von der Höhe p_i.

L_i sei die mechanische Arbeit, welcher der gasförmige Zylinderinhalt bei einem Arbeitsspiel an den Kolben abgibt; sie ist gleich der Fläche F der Schleife des p-V-Diagramms; also im schematischen Diagramm Bild 44 gleich der schrägschraffierten Fläche 1-2-2′-3-4-1. Man gewinnt sie, indem man von der senkrecht schraffierten Fläche unter 2-2′-3-4 (Dehnungsarbeit) die waagrecht schraffierte unter 1-2 (Verdichtungsarbeit) abzieht. — Beim Planimetrieren umfährt man mit dem Stift die schräg schraffierte Fläche. Solche Integrationen längs eines geschlossenen Linienzugs kennzeichnet man häufig durch das Integralzeichen mit Kreis

$$L_i = \oint P\, d\, V_{\text{cbm}} = 10 \oint p\, d\, V \tag{14}$$

wobei

L_i = die indizierte Arbeit in m kp
P = der Druck in kp/m² (in Thermodynamik üblich)
p = der Druck in kp/cm² oder in at (in Technik üblich)
V_{cbm} = das Volumen in m³ (in Thermodynamik üblich)
V = das Volumen in dm³ (in Technik)

Der Faktor 10 erklärt sich daraus, daß $P = 10^4$ p und $V_{cbm} = 10^{-3}\,V$. Hierbei bedeuten die Buchstaben Zahlenwerte („Zahlengleichung") z. B. $p=5$ und $P=50\,000$.

Man kann bei einem bestimmten Motor p-V-Diagramme von verschieden großer Fläche erzeugen. Bei geringer, gerade zum Leerlauf ausreichender Brennstoffzufuhr ist die Fläche schmal; je mehr Brennstoff zugeführt wird, um so größer wird die Diagrammfläche, damit die Arbeit L_i und damit auch die Leistung des Motors. Beispiel für Ottomotor s. Band I Bild 8; für Dieselmotor s. hier das Bild 45. Über eine bestimmte Größe hinaus läßt sich die Diagrammfläche aber nicht steigern, hauptsächlich weil dann die vom Motor aufgenommene Luftmenge zur Verbrennung nicht mehr ausreicht, oder wenigstens — beim Dieselmotor — nicht zu einer ordnungsgemäßen rußfreien Verbrennung. Die größte Leistung, die ein Motor im Dauerbetrieb bei ordnungsgemäßer Verbrennung noch er-

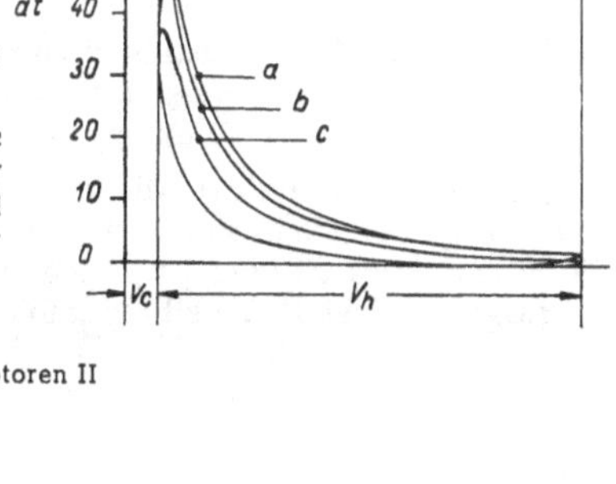

Bild 45. p-V-Diagramm eines Viertakt-Dieselmotors $D = 520$, $s = 740$ mm, $n = 231$ U/min. a, b und c bei $p_e = 6{,}15$ (20 % Überlast), 5,19 (Nennlast) und 2,58 (Halblast) kp/cm². Leistung bei Nennlast unaufgeladen 208 PS je Zylinder.

trägt und zu der ein entsprechend großes p-V-Diagramm gehört, werde in diesem kleinen Buch „Nennleistung" genannt. Begriffe Nennleistung, Dauerleistung, Nennlast u. s. f. s. H 9.

Indikator-Diagramme der verschiedenen Arten von Otto- und Dieselmotoren können recht verschiedene Formen haben, s. Bilder 7—10, 17—19 u. 55 des Bds. I. Solange es aber wie hier nur auf die Berechnung der Arbeit L_i, also auf die Fläche F des p-V-Diagramms ankommt, kann man sich dieses komplexe Gebilde durch eine einfachere Figur ersetzt denken: Das Rechteck 5, 6, 7, 8 hat dieselbe Fläche F wie das p-V-Diagramm und außerdem dieselbe Länge V_h (Hubvolumen) wie dieses. Während im Diagramm die Höhe (Druck) **xy** = **xz**—**yz** verschieden groß gewesen war (Bild 44 rechts), ist sie jetzt im Rechteck überall gleich groß, offenbar ein Mittelwert. Man nennt die Rechteckshöhe den *mittleren indizierten Druck* p_i. Wegen der Flächengleichheit gilt für das Rechteck 5, 6, 7, 8

$$L_i = 10 \cdot p_i \cdot V_h \qquad (15)$$

L_i in m kp, p_i in kp/cm² oder at, V_h in dm³; wie in Gl. 14. p_i ist der mittlere Arbeitsdruck, bezogen auf die Innenleistung N_i (DIN 1940). p_i ist ein Maß für die Dicke, für die Völligkeit des p-V-Diagramms eines Motors und damit für seine Belastung. Z. B. kann bei einem Motor bestimmter Art die Nennnlast durch ein $p_i = 8$, der Leerlauf etwa durch 1,6 kp/cm² gekennzeichnet sein; Teillasten liegen dazwischen.

2. Mittlerer nutzbarer (effektiver) Druck p_e. Reibungsdruck p_r. Mechanischer Wirkungsgrad η_m. Die nutzbare (effektive) Leistung N_e.

Die Größen L_i und p_i, die sich auf Vorgänge im Zylinderinneren beziehen, sind nicht das, was den Erbauer und Benutzer eines Motors praktisch interessiert. Ihm ist es wichtiger, wieviel Arbeit er am Kupplungsflansch der

Kurbelwelle pro Arbeitsspiel abnehmen kann, die nutzbare, die effektive Arbeit L_e. Offenbar ist (Bild 44) L_e kleiner als L_i, weil auf dem Weg zwischen dem vom Gas unter Druck gesetzten Kolbenboden und der Kraftabnahmestelle an der Kurbelwelle noch Arbeit verloren geht durch etwas, was meist summarisch als *Reibung* bezeichnet wird, aber in Wirklichkeit ein Gemisch von wirklicher Reibung und von Verlusten verschiedener Herkunft ist: Näheres s. H 7. Das nach Abzug dieser Verlustarbeit (Rechteck 10, 11, 7, 8) übrigbleibende L_e (5, 6, 11, 10) kann man analog dem L_i aus einer Gleichung entstanden denken:

$$L_e = 10 \cdot p_e \cdot V_h \quad \text{(Dimensionen wie in Gl. 15)} \quad (16)$$

p_e ist der mittlere nutzbare (effektive) Druck in kp/cm²; DIN 1940. Die Beziehung zwischen p_i und p_e (Bild 44) kann man entweder so ausdrücken, daß man von p_i den mittleren Reibungsdruck p_r abzieht:

$$p_e = p_i - p_r; \text{ Beispiel: } p_e = 8 - 1{,}6 = 6{,}4 \text{ kp/cm}^2; \quad (17)$$

oder indem man p_i mit einem verkleinernden Faktor, dem mechanischen Wirkungsgrad η_m multipliziert:

$$p_e = p_i \cdot \eta_m; \text{ Beispiel: } p_e = 8 \cdot 0{,}8 = 6{,}4 \text{ kp/cm}^2; \quad (18)$$

Wie groß p_r und η_m zu erwarten sind, siehe im Abschnitt Reibung H 7.

p_e (mittlerer nutzbarer Druck) ist eine der meistgebrauchten Größen im Motorenbau. p_e ist ein Maß für die Belastung des Motors; z. B. kann ein Motor bestimmter Art bei Nennlast ein $p_e = 6{,}4$ kp/cm² haben; bei Leerlauf, wenn also nach außen keine Leistung abgegeben wird, hat jeder Motor ein $p_e = 0$; Teillasten dazwischen. Vor p_i hat es den Vorzug auf dem Prüfstand leicht und genau meßbar zu sein; näheres s. H 3.

Leistung N_e

Die Leistung N ist die in einer Sekunde aufgebrachte Arbeit. Wie viele L_e entstehen bei einem Motor in einer Sekunde? Offenbar ebenso viele wie Zündungen.

Bei Zweitakt entstehen:

In 1 Zyl. bei einer Umdrehung L_e (mkp)

In z Zyl bei n Umdr./min, also in einer Minute

$z \cdot n \cdot L_e$ (mkp/min)

In z Zyl. bei $n/60$ Umdr./min, also in einer Sekunde

$z \cdot n \cdot L_e/60$ (mkp/s)

Will man diese in mkp/s gefundene Leistung in PS, also Pferdestärken ausdrücken (oder — im Motorenbau selten — in Kilowatt, kW), so muß man durch 75 (bei kW durch 102) dividieren.

Das L_e setzt man aus Gl. 16 ein. — Bei Viertakt ist die Zahl der Zündungen und damit die der L_e nur halb so groß. Man erhält daraus:

bei Viertakt:

$$N_e = (1/900) \cdot p_c \cdot n \cdot z \cdot V_h = (1/900) \cdot p_e \cdot n \cdot V_H \quad (19)$$

bei Zweitakt

$$N_e = (1/450) \cdot p_c \cdot n \cdot z \cdot V_h = (1/450) \cdot p_e \cdot n \cdot V_H \quad (20)$$

N_e die nutzbare (effektive) d. h. die an der Kurbelwelle abgegebene Leistung in PS. Will man N_e in Kilowatt ausdrücken, so ersetze man die Zahlen 900 und 450 durch 1224 und 612. — Zur Umrechnung in engl. Pferdestärken: 1 PS = 0,9863 HP (horse power)

p_c in kp/cm². S. Gl. 16. Näheres s. H 3.

n Drehzahl in Umdr./min · Zusammenhang mit c_m s. H 5.

V_h das Hubvolumen eines Zylinders ($= s \cdot D^2 \cdot \pi/4$)

V_H das zusammengefaßte Hubvolumen *aller* z Zylinder in dm³ oder Litern.

Diese Formel gilt an sich für *alle* Belastungsstufen des Motors, also von Leerlauf beginnend (wo N_e und p_e gleich Null sind) bis zu den größten vorkommenden. Meist versteht man aber unter N_e und p_e speziell die Leistung und den mittleren effektiven Druck *bei Nennlast*. (Begriff s. S. 98 u. H 9). Die Formel ist in diesem Fall gut brauchbar, wenn man bei einem Motor von gegebener Zahl und Größe der Zylinder das bei Nennlast zu erwartende N_e ausrechnen will, oder umgekehrt; das für die jeweilige Motorenart erreichbare p_e läßt sich nämlich aus Tabellen ersehen (umseitig); welche Drehzahl n in Frage kommt, ist den in H 5 und Gl. 24 aufgeführten Beziehungen zu entnehmen.

Beispiel: Es ist N_e zu berechnen für einen stationären Viertaktdieselmotor mit 6 Zylindern vom Hub $s = 360$ und Durchmesser $D = 280$ mm.

Die Drehzahl — sofern sie nicht von vorneherein gegeben ist — wird bei einem solchen Motor wegen der in Frage kommenden mittleren Kolbengeschwindigkeit c_m von etwa 6 m/s betragen: $n = 30\,c_m/s = 30 \cdot 6/0{,}36 = 500$ U/min. Hubvolumen eines Zylinders $V_h = 3{,}6 \cdot 2{,}8^2 \cdot \pi/4 = 22{,}17$ dm³, p_e ohne Aufladung nach Tabelle etwa 5,5 kp/m². Somit

$$N_e = \frac{1}{900} \cdot 5{,}5 \cdot 500 \cdot 6 \cdot 22{,}17 = 406 \text{ PS}$$

3. Näheres über den mittleren nutzbaren Druck p_e. Tabellen.

Auf dem Prüfstand läßt sich p_e auf folgende Weise leicht bestimmen: Man mißt auf der Motorenbremse wie in H 4 beschrieben das Moment M_d und errechnet nach Gl. 22, 23 das p_e in kp/cm².

Das p_e bei Nennlast gibt gewissermaßen summarisch Aufschluß über den Erfolg der Bemühungen des Motorenbauers: Es fällt um so höher aus, je erfolgreicher ein guter Ladungswechsel viel Luft in den Zylinder hineinbringt (daher bei Viertakt meist höher als bei Zweitakt, bei aufgeladenem Motor höher als bei nicht aufgeladenem); je besser eine gute Verbrennung die chemische Energie in mechanische umsetzt (daher z. B. bei Ottomotoren mit steigendem Verdichtungsgrad höheres p_e); je geringer die Reibungsverluste gemacht werden (s. H 7). Weil in dieser Hinsicht die einzelnen Arten von Motoren ziemliche Unterschiede aufweisen, sind bei ihnen auch die üblicherweise erreichten p_e-Werte verschieden, s. die Tabellen.

Bemerkungen zu den Tabellen

Zu den Spalten:

Bei a, g, h, i: Motoren für allgemeine Verwendung: Soweit Motorentypen wahlweise mit verschiedenem n und daher verschiedenem N angeboten werden, sind immer die für das höchste zugelassene n gültigen Werte eingesetzt.

Automotoren: N und p_e für diejenige Drehzahl n, bei der die höchste Leistung erzeugt wird. Senkt man n auf 50–70 % dieses Wertes, so wird p_e um 10–30 % größer. Beispiel Bild 55. — Soweit in den benutzten Unterlagen die Leistung ausländischer Motoren in SAE-PS angegeben war, wurde sie für diese Tabelle um 10 % gekürzt, um sie mit dem in der Tabelle sonst benutzten PS nach DIN 70020 ungefähr vergleichbar zu machen; analog bei p_e und G/N.

b: *Lu* Luft-, *W* Wasserkühlung. In Klammern: Bei diesen Motortypen weniger verbreitet.

c: *L* liegende, *S* stehende und bei mehreren Zylindern in Reihen angeordnete, *Sr* schräge, *B* Boxer-, *V* *V*-Motoren. Klammern siehe unter b.

f: V_H Hubvolumen aller vorhandenen Zylinder.

h, i, k: p_e mittlerer Arbeitsdruck, c_m mittlere Kolbengeschwindigkeit, N/V_H Literleistung; siehe H 2—6. Durchschnittliche Werte 1965.

l: *G/N* ist das Leistungsgewicht, d. h. Motorgewicht je erzeugtes PS.

Motoren für folgende Verwendung:	*N* Leistungsbereich PS	Kühlung	Anordnung
	a	b	c
Zweirad-Fahrzeuge			
Moped, Zweitakt	1,5— 2,6	Lu	S Sr
Kleinmotorrad, Zweitakt	2 — 5	Lu	S Sr
Motorrad, Zweitakt und Viertakt	6 — 40	Lu	S Sr B
Roller, Zweitakt (Viertakt)	5 — 12	Lu	S Sr
Wagen			
Personenwagen europ. Werke, Mittelklasse, Ottomotoren, Viertakt	25 —150	(Lu) W	B S V
Personenwagen europ. Werke, Mittelklasse, Ottomotoren, Zweitakt	25 — 60	(Lu) W	S
Personenwagen europ. Werke, Mittelklasse, Dieselmotoren, Viertakt	40 — 60	W	S
Personenwagen USA, Ottomotoren, Viertakt	80 —310	W	(B) S V
Lastwagen u. Omnibus, soweit mit (nicht aufgeladenen) Dieselmotoren Viertakt über 100 PS ausgerüstet.	100 —250	(Lu) W	L S V
Flugmotoren (Ottomotoren, Viertakt)			
Kolbenmotoren bis 350 PS, nicht aufgeladen	100 —350	Lu	B

Dazu gehören die „Bemerkungen zu den Tabellen S

e und Flugzeuge

∅ mm	V_H Liter	n Umdr/ min	p_e kp/cm²	c_m m/s	N/V_H PS/l	G/N kg/PS	Bemer- kun- gen
e	f	g	h	i	k	l	m
38— 40	0,050	4000—5000	3,5— 5	6— 7,5	35—55	—	
38— 40	0,050	6000—7500	5 — 5,5	8—10	70—100	—	
50— 70	0,175— 0,6	5500—7500	4,5—10	12—17	60—100	—	
55— 65	0,125— 0,2	5500—7500	4,5— 5,5 (8,5)	10—12	45—85	—	
65— 85	1 — 3	4000—6000	6 —10	8—16	35—60	1,5—3	
70— 80	0,6 — 1,2	4000—4500	4,5— 5,1	9—12	40—50	1,5—2,5	8)
75— 90	1,5 — 2	4000—4500	5,5— 6	12	25—30	3 —3,5	8)
85—110	2,5 — 7	4000—4600	6,5— 9	10—15	25—45	—	
00—140	5,5 —13	2000—3000	6 — 2,5 (—10)	10—12	16—24	3,5— 5	9)
00—130	3 — 9	2500—3000	10 —11	8—13	25—35	0,7—0,8	10)

d Seite 104

Kennzahlen v

Motoren speziell für Kraftfahr

Motorenart	*N* Leistungsbereich, PS	Kühlung	Anordnung	Zyl Zah
	a	b	c	d
Ottomotoren, Viertakt und Zweitakt				
Kleine Benzin-Einzylindermotoren, Zweitakt, bis 10 PS	0,5— 10	Lu W	LS	1
Benzin-Mehrzylindermotoren Viertakt, bis 80 PS	10— 80	Lu W	LBS	1—
Gasmotoren Viertakt liegend mit elektr. Zündung	30— 300	W	L	1—
Gasmotoren Viertakt stehend mit elektr. Zündung	30— 2500	(Lu) W	SV	1—
Gasmotoren Viertakt stehend mit Zündstrahl	30— 2500	W	SV	1—
Dieselmotoren, Viertakt				
Motoren für O, E, S, T bis etwa 50 PS	4— 50	Lu W	LS	1—
Motoren für O, E, S über 100 PS, langsam lfd. o. Aufl.	100— 2500	(Lu) W	(L)SV	4—
Motoren für O, E, S über 100 PS, langsam lfd. m. Aufl.	— 4000	W	SV	4—
Motoren für O, S, gebaut für Hochaufladung	2000— 7500	W	SV	6—
Motoren für O, E, S, L über 300 PS, schnellaufend, z. T. aufgeladen u. hochaufgeladen	300— 3000	W	SV	6—
Dieselmotoren, Zweitakt				
Kleine Einzylinder für O, E, S bis 12 PS	4— 12	Lu (W)	S	1
Motoren für O, E, S bis etwa 900 PS ohne Aufladung	100— 900	W	SV	3—
Motoren für O, E, S bis etwa 1200 PS mit Aufladung	— 1200	W	SV	3—
Motoren für O und überwiegend S, Großmotoren ohne Aufladung	2000— 7000	W	S	6—
Motoren für O und überwiegend S, Großmotoren mit Aufladung	4000—30000	W	S	6—

ennungsmotoren

Flugzeuge s. gesonderte Tabelle

m	V_H Liter	n Umdr./min	p_e kp/cm²	c_m m/s	N/V_H PS/l	G/N kg/PS	Bemerkungen
	f	g	h	i	k	l	m
- 80	0,3— 0,4	7000—3000	2,5— 5,5	5 —10			
- 85	1,2— 3	3000—1000	7 — 8	6 —12			
-500	25 — 250	400— 240	4 — 4,7	5 — 5,5			1) 2)
-500	4 —1500	250—1500	4,5— 5,5	5,5— 7,5	4 — 1	25—60	1) 3)
-500	4 —1500	300—1000	5,5— 6	5,5— 7,5	5 — 1,5	20—50	1) 4)
-140	0,5— 10	3000—1500	5 — 6,5	6 —10	10 —20	6—18	
-500	40 —1500	200— 750	5,5— 7	6 — 7	5 — 1,5	20—50	5)
-500	40 —1500	200— 750	9 —10	6 — 7	9,5— 2,5	9—30	5)
-450	400 —1100	200— 400	16	5,5— 7,5	7 — 4	12—25	5) 11)
-200	20 — 100	2000—1400	6 —16	10 —12	15 —30	2— 6	5) 11)
- 90	0,4— 0,7	3000—1500	3 — 4,5	7 — 8	20	8— 9	5)
-250	15 — 140	600—1200	4,5— 5,5	4,5— 8	13 — 6	5—15	5)
-250	15 — 140	600—1200	5,5— 7	4,5— 8	9 — 8	8—12	11)
-950	600 —14 000	110— 250	4,5— 5,2	5 — 6,5	3 — 2	40—50	6) 7)
-950	600 —14 000	110— 250	8 — 9	5 — 6,5	5,7— 2,2	27—40	6) 11)

Zu den Zahlen in Spalte m:

1. Bei allen Gasmotoren hängt N und p_e von der Art des Gases ab; z. B. ob Erdgas, Klärgas, Stadtgas, Hochofengas.
2. Liegende doppeltwirkende Großgasmaschinen (jetzt in Deutschland nicht mehr gebaut) hatten Leistungen 1000—10 000 PS, $p_e = 4$—5 kp/cm² und $c_m = 4{,}5$—5,5 m/s.
3. Meist ursprünglich als Dieselmotoren gebaute Serienmaschinen, die mit besonderer Ausrüstung als Gas-Ottomotoren betrieben werden.
4. Gas-Luft-Gemisch ansaugende Dieselmotoren, Zündung durch Einspritzung einer kleinen Menge Dieselkraftstoff. Diese Diesel-Gas-Motoren werden auch als Wechselmaschinen (d. h. von reinem Dieselkraftstoff- auf Gas-Betrieb umstellbar und umgekehrt) angeboten.
5. O für ortsfeste Verwendung, z. B. Antrieb von elektrischen Generatoren, Pumpen;
   E für Einbau, z. B. in Baumaschinen, Hebezeuge, Bagger;
   S für Schiff;
   T für (landwirtschaftliche) Traktoren;
   L für Lokomotiven und Triebwagen.
6. Fast ausschließlich einfachwirkende Zweitaktmotoren. Bis etwa 500 mm Zylinder-Durchmesser ohne, darüber mit Kreuzkopf. Überwiegende Zahl der Kreuzkopfmotoren aufgeladen.
7. G/N sinkt bei nicht aufgeladenen Motoren ohne Kreuzkopf auf etwa 30 kg/PS.
8. Zweitakt-Ottomotoren u. Viertakt-Dieselmotoren für Personenwagen werden nur von einer beschränkten Anzahl Firmen hergestellt.
9. Z. T. auch Verwendung für O, E, S (vergl. 5).

10. Spalten a und g bis l beziehen sich bei diesen meist in USA hergestellten Motoren auf größte Leistung in Bodennähe. Startleistung bei einigen etwas höher. Reiseleistung 75—80 % des Tabellenwerts.
11. Weitere Angaben über aufgeladene Motoren siehe Tabelle in G 5.

Die Angaben der Tabelle entstammen teils Firmenmitteilungen, teils dem Buch „Deutsche Verbrennungsmotoren“ 1964, herausgegeben von der Fachgemeinschaft Kraftmaschinen im VDMA, teils dem Kraftfahrtechnischen Taschenbuch von Bosch.

Nicht aus der Tabelle, wohl aber aus den späteren Bildern 54—59 ist ersichtlich, daß das höchst erreichbare Nennlast-p_e bei einem bestimmten Motor nicht bei jeder Drehzahl dasselbe ist. Vor allem nimmt p_e bei hohem n ab. Wichtigste Gründe: Bei hohem n nimmt der Motor weniger Luft auf (kurze Füllungszeit, Drosselverluste, F 4, 6, 9, 11; H 5 Schluß) und seine Reibung wird größer (H 7). Aber auch bei niederem n wird bei manchen Motoren, besonders Ottomotoren, das p_e kleiner, z. B. wegen ungenügender Geschwindigkeit des Gemischs im Vergaser und Saugrohr, wegen großer Wärmeverluste an die Wand, wegen einer für niedere Drehzahl ungünstigen Ventileinstellung.

4. Drehmoment M_d

Bild 46 zeigt links schematisch einen ein Gewicht hochwindenden Motor und veranschaulicht das Drehmoment $M_d = a \cdot P$. Rechts beim Auto: M_d ist diejenige Größe welche sich am Motor ändert, wenn der Fahrer das Gaspedal (Fahrpedal) durchtritt. Ein größeres Drehmoment am Motor bewirkt, daß das Drehmoment an der Hinterachse, das gleich $i \cdot M_d$ ist (*i* Übersetzungsverhältnis von Schalt- und Triebachsgetriebe zusammen) ebenfalls zunimmt; dieses verteilt sich auf die zwei Triebräder,

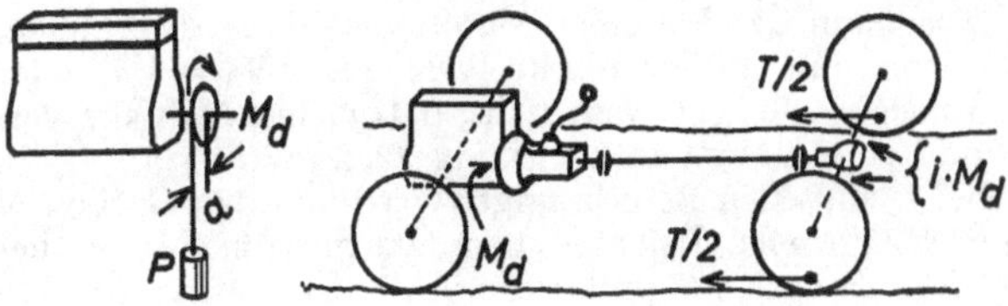

Bild 46. Das vom Motor erzeugte Drehmoment M_d.

die zusammen eine Antriebskraft T entwickeln, welche beim Durchtreten des Pedals auch entsprechend größer wird. Das M_d des Motors ist deshalb der Ausgangspunkt für die Beanspruchung und elastische Verformung aller Antriebsteile zwischen Motor und Rädern, also der Zahnräder und Wellen im Schalt- und im Triebachsgetriebe. — Treibt ein Verbrennungsmotor einen elektrischen Generator an, so ist dessen Stromstärke J dem M_d ungefähr verhältig.

M_d kann man auf dem Motorprüfstand mit einer Leistungbremse (Band I Bild 6) leicht und genau bestimmen, indem man die Anzeige P der Waage abliest und sie mit dem Hebelarm a multipliziert; ergibt $P \cdot a = M_d$. Daraus Leistung N in PS nach der allgemein geltenden Gleichung:

$$N = (1/75) \cdot M_d \cdot \omega = (1/716) \cdot M_d \cdot n; \qquad (21)$$

$$\text{denn } \omega = \pi n/30$$

N und n wie in Gl. 19, 20; M_d Drehmoment in kp · m, ω Winkelgeschwindigkeit in Radiant/s. — Will man N in kW ausdrücken, ersetze man 75 bzw. 716 durch 102,0 bzw. 974.

Setzt man dieses N in Gleichung 19, 20 ein und löst nach M_d auf, so erhält man:

$$M_d = 0{,}796 \cdot p_e \cdot z \cdot V_h = 0{,}796 \cdot p_e \cdot V_H \quad \text{für Viertakt;} \quad (22)$$

$$M_d = 1{,}592 \cdot p_e \cdot z \cdot V_h = 1{,}592 \cdot p_e \cdot V_H \quad \text{für Zweitakt.} \quad (23)$$

Man kann das M_d eines Motors also dadurch erhöhen, daß man ihn größer macht (größeres $z\,V_h = V_H$) oder daß man p_e steigert. Man sieht, daß p_e mit M_d nahe verwandt ist. n kommt in Gleichung 22, 23 nicht vor.

Bei technischen Berechnungen wird von den Größen N und M_d jeweils diejenige benutzt, die für den vorliegenden Zweck die praktischere ist; vergleiche für M_d obige Beispiele.

5. Mittlere Kolbengeschwindigkeit c_m. Grenzen der Steigerung der Drehzahl n

Jeden Motor kann man innerhalb bestimmter Grenzen mit einer niederen oder mit einer hohen Drehzahl laufen lassen. Bei einem Personenwagenmotor von Hub $s =$ 60 mm oder 0,060 m ist z. B. $n = 1500$ U/min eine ausgesprochen niedere, $n = 3000$ U/min eine mittlere, $n = 6000$ U/min eine hohe Drehzahl. Für einen größeren Motor, z. B. einen Fahrzeug-Dieselmotor von dreifachem Hub von 180 mm oder 0,18 m ist aber schon $n = 500$ eine niedere, $n = 1000$ eine mittlere und $n = 2000$ eine hohe Drehzahl. Es besteht das Bedürfnis nach einer Zahl, die einen Maßstab für die *jedem* Motor angemessene Drehzahl angibt, einigermaßen unabhängig von der Motorgröße. Dies ist die *mittlere Kolbengeschwindigkeit* c_m ·

Weg des Kolbens bei 1 Umdrehung (hin u. zurück) 2 s (m)
Weg des Kolbens in 1 Minute $n \cdot 2$ s (m)
Weg des Kolbens in 1 Sekunde

$$c_m = (1/60) \cdot n \cdot 2\,\mathrm{s} = \mathrm{s}\,n/30 \qquad (24)$$

Dabei c_m in m/s, s Hub in m (Meter), n in Umdr./min .— Für 2- und 4-Takt gleich.

Die zwei Motoren des obigen Beispiels haben z. B. bei $n = 1500$ bzw. 500 ein $c_m = 3$ m/s; bei $n = 3000$ bzw. 1000 ein $c_m = 6$ m/s; bei $n = 6000$ bzw. 2000 ein c_m von 12 m/s. Dies sind gleichzeitig Beispiele für eine niedere, eine mittlere und eine hohe Kolbengeschwindigkeit. Wenn auch alle diese Begriffe relativ sind, so sei doch erwähnt, daß vielfach Motoren mit einem etwa 6 m/s überschreitenden c_m als Schnelläufer bezeichnet werden.

Die Steigerung der Drehzahl ist ein Mittel, um die Leistung des Motors zu erhöhen (Gl. 19, 20) und zwar ein solches, welches in keiner oder nur geringer Verteuerung der Herstellung verbunden ist. Deshalb sind in den letzten Jahrzehnten die Drehzahlen bei fast allen Arten von Motoren höher und höher geworden; als Beispiel bei PKW-Motoren in ungefähren Zahlen: 1920 war $n = 2000$, 1930 $n = 3000$, 1965 n zwischen 4000 und 6000. Aber es gibt dabei Grenzen: Mit wachsender Drehzahl steigt auch die Wärmebeanspruchung der Zylinder und Kolben, die Reibungsleistung in den Lagern wird höher, die obere Betriebsdrehzahl nähert sich (mit einer „Harmonischen") der Eigenschwingungszahl der Drehschwingungen der Kurbelwelle; mehr Lärm. Diese Schwierigkeiten hat man jedoch durch geeignete Konstruktionen mehr und mehr zu bekämpfen gelernt. Auch der Verschleiß je 1000 Betriebsstunden, von sehr vielen Einflüssen abhängig, ist nicht unter allen Umständen ein Hindernis für die Steigerung von n, schon weil hohe Drehzahl das Entstehen flüssiger Reibung begünstigt, bei der sich die durch den Ölfilm getrennten gleitenden Teile nicht mehr metallisch berühren. Aber *zwei Schwierigkeiten* entstehen mit wachsender Drehzahl grundsätzlich und lassen sich nur teilweise bekämpfen, so daß hauptsächlich sie es sind, welche die bei Kolbenmotoren erreichbare Drehzahl begrenzen: Die bei großem n auftretenden Beschleunigungen der bewegten Massen, namentlich der hin- und hergehenden, rufen die vielen Konstruktionsteilen, z. B. Pleuelstangen, entsprechend hohe Werkstoffspannungen σ und τ hervor; σ und τ wachsen, wie sich zeigen läßt, mit c_m^2. Ferner wird es bei hohem n beim Ladungswechsel immer schwieriger, die Luft- und Gasmenge durch die vorhandenen Querschnitte hindurchzubringen, namentlich durch die Einsaugventile und Einlaßschlitze. Der entstehende Drosselverlust wächst, wie sich ebenfalls zeigen läßt, ungefähr auch mit c_m^2.

6. Die Literleistung N_e/Hubvolumen (PS/Liter)

Der Motorenbauer und ebenso der Motorenbenutzer will wissen, wieviel sein Motor im Verhältnis zu seiner Größe leistet; man dividiert die Nennleistung N_e durch das (die Motorengröße ungefähr repräsentierende) gesamte Hubvolumen $z \cdot V_h = V_H$ (in dm^3 oder Litern) und erhält die *Literleistung in PS/Liter.*

$$\text{Literleistung} = N_e/(z \cdot V_h) = N_e/V_H \tag{25}$$

Man setzt nun N_e aus Gl. 19, 20 und $n = 30\,c_m/s$ aus Gl. 24 ein:

$$N_e/V_H = 1/900 \cdot p_e \cdot n = = 1/900 \cdot p_e \cdot 30 \cdot c_m/s = (1/30) \cdot p_e \cdot c_m/s \quad (\text{PS/dm}^3) \tag{26}$$

$$N_e/V_H = 1/450 \cdot p_e \cdot n = = 1/450 \cdot p_e \cdot 30 \cdot c_m/s = (1/15) \cdot p_e \cdot c_m/s \quad (\text{PS/dm}^3) \tag{27}$$

Erste Gleichung für Viertakt, zweite für Zweitakt gültig. Maßeinheiten siehe Gl. 19, 20 und 24.

Hohe Literleistung bedeutet, daß ein Motor im Vergleich zu seiner Leistung klein, meist auch leicht und — mit gewissen Einschränkungen gültig — billig herstellbar ist. Besonders Fahrzeug- und Flugmotoren müssen eine hohe Literleistung haben.

In der Formel kommt die Zylinderbohrung D nicht vor, wohl aber der Hub s im Nenner. Will man hohe Literleistung, so muß man also s klein machen; D ist ohne Einfluß. Aus diesem Grund haben kurzhubige Viertaktmotoren (s/D klein) in den letzten Jahren eine weite Verbreitung gefunden, namentlich als Fahrzeugmotoren. Aber das wirksamste Mittel, um einen gleichzeitig starken, kleinen und leichten Motor zu erhalten, besteht in der Aufteilung des gesamten Hubvolumens, das ein Motor vorgeschriebener Leistung nach Gl. 19, 20 haben muß, auf viele Zylinder; Volumen und Hub s jedes Zylinders wird dann entsprechend klein, und damit die Literleistung groß. Bei seinem kleinen s wird ein solcher Motor bei gegebenem c_m eine hohe Drehzahl haben. Daher die weitverbreitete Tendenz zum mehrzylindrigen Schnelläufer; s. Bd. I A 9.

7. Die Reibung im Verbrennungsmotor (p_r und η_m)

Die *Reibung entsteht* in den *Lagern*, am *Kolben*, an den *Kolbenringen* und den *Nebenantrieben* wie dem Ventilantrieb (Motorreibung im *engeren* Sinn). Aus praktischen Gründen werden oft noch andere Widerstände zu dieser Reibung hinzugerechnet. Die so verstandene Reibung im *weiteren* Sinn des Wortes umfaßt noch: In Deutschland nach DIN 1940 den Widerstand der zum Betrieb des Motors notwendigen *Hilfseinrichtungen* (z. B. Einspritzpumpe, Kühlluftgebläse, unbelastete Lichtma-

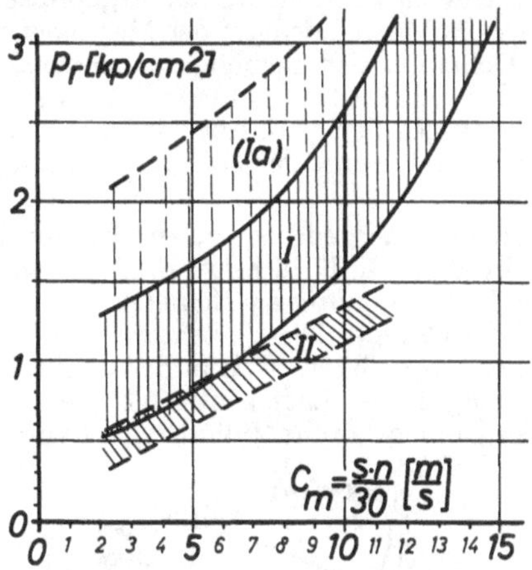

Bild 47. Mittlerer Reibungsdruck p_r abhängig von der mittleren Kolbengeschwindigkeit c_m bei Nennlast.

I Zone der Reibung im weiteren Sinn, gefunden bei Prüfstand-Schleppversuchen an zahlreichen Otto- und Dieselmotoren. I a dasselbe, an einzelnen Flugzeugdieselmotoren gemessen.

II Zone der Reibung im engeren Sinn, also ohne Einbeziehung des Hilfsmaschinenwiderstandes und der Pumpverluste, gemessen an Fahrzeugmotoren [91]. Im linken Teil II gleichzeitig Bereich der Reibung großer langsamlaufender Dieselmotoren.

schine; nicht aber Lader und Spülgebläse). Oft zählt man aber auch die erheblichen sogenannten *Pumpverluste* dazu, d. h. die Arbeit der Verlustschleife im p-V-Diagramm des Viertaktmotors zwischen Auslaß- und Einlaßhub, s. Bild 2. Ferner entstehen bei Motoren mit an den Brennraum angeschlossenen Kammern, z. B. Vorkammern, (s. Bilder 52—57 des Bds. I) *Verluste durch das Überschieben* von Gas vom Hauptraum zur Kammer und zurück (Bd. I Bild 55), die als eine Art hydraulische Reibung manchmal ebenfalls mit einbezogen werden. — Messung der Reibung am Motor meist durch Schleppversuch s. J 3 unter η_m.

Messungen der Reibung ergeben in der Technik an sich schon eine starke Streuung der Ergebnisse; da beim Motor noch die Verschiedenheit der Maschinenausrüstung und der Definition der Reibung hinzukommt, ist nicht verwunderlich, daß die erhaltenen Meßwerte ziemlich verschieden ausgefallen sind. Aber drei Eigenschaften der Motorreibung treten trotzdem bei den Messungen immer wieder hervor:

a) Die Reibung, ausgedrückt durch den mittleren Reibungsdruck p_r (Gl. 17 u. Bild 44), *steigt mit der Drehzahl n bzw der mittleren Kolbengeschwindigkeit* c_m; s. Bild 47. Gründe: Die Reibungskraft R ist das Produkt der Anpreßkraft P und des Reibwerts μ; die Anpressung P der Lagerzapfen an die Lagerschalen und des Kolbens an die Zylinderwand wird aber zeit-

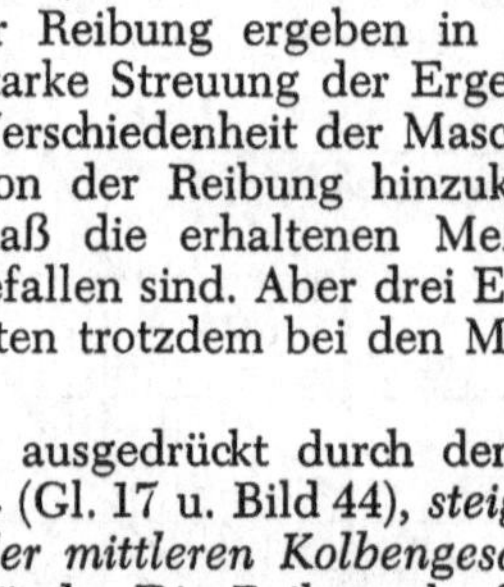

Bild 48. Reibwert über Drehzahl in einem Lager nach Stribeck [94]. Bei sehr niederer Drehzahl Berührung der Rauhigkeiten von Lager- und Zapfen-Oberfläche. Bei wachsender Drehzahl bildet sich ein Ölfilm und hebt an den „Ausklinkpunkten AK" den Zapfen vom Lager ab; rechts von AK daher nur flüssige Reibung, keine metallische Berührung.

weise (namentlich bei Viertakt) durch Beschleunigungskräfte der umlaufenden und hin- und hergehenden Teile bewirkt, und diese nehmen mit n^2 bzw. $c_m{}^2$ zu. Aber auch μ wächst bei „flüssiger" oder „hydrodynamischer" Reibung, die im Motor an vielen Reibstellen vorherrschend ist, nach der grundsätzlichen Kurve des Bilds 48 mit n.

Innerhalb der Zone I liegen die p_r der Dieselmotoren meist näher der oberen, die der Ottomotoren näher der unteren Begrenzungskurve. Grund: Dieselmotoren haben ein kräftigeres und daher schwereres Kurbeltriebwerk, damit höhere Beschleunigungskräfte und größere Reibung; auch machen die höheren Gasdrücke immerhin (Punkt b) etwas aus. — Teilweise Ausnahme: Motoren mit Wälzlagern, s. Bild 50.

b) Der Reibungsdruck p_r *steigt* erfahrungsgemäß (Bild 49) *mit der Gaskraft*, die auf den Kolben drückt, *nur* wenig an [5, 8, 95]; jedenfalls gilt das bei schnellerem Lauf (c_m etwa über 5 m/s). Gründe: Die Gaskraft ist am größten am Ende der Kompression und am Anfang der Expansion; gerade da aber wirkt ihr die

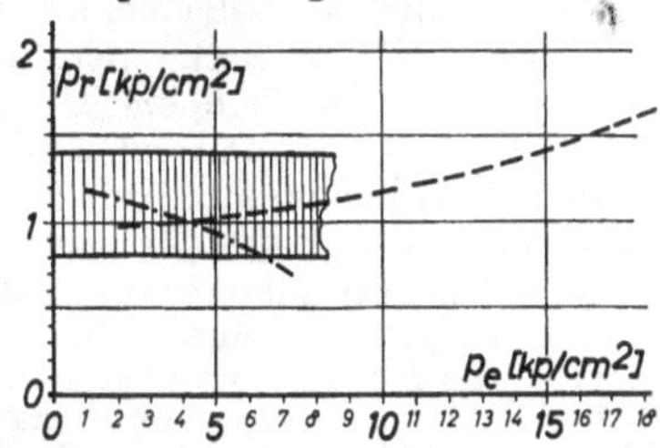

Bild 49. Mittlerer Reibungsdruck p_r abhängig vom mittleren Druck p_e bei Kolbengeschwindigkeiten c_m zwischen 5 und 6 m/s. Schraffiert die Zone der häufig gemessenen, ungefähr horizontal verlaufenden p_r. Gestrichelt: Sorgfältig gemessenes p_r im engeren Sinn, also ohne Einbeziehung von Ladungswechselarbeit, an einem hochaufgeladenen Viertaktdieselmotor [74]. Strichpunktiert: Beispiel des p_r eines Viertakt-Ottomotors mit üblicher Mengenregelung.

Beschleunigungskraft der Kolbenmasse entgegen, so daß die resultierende Kraft klein bleibt und damit auch die von dieser erzeugte Reibung. Ferner: μ fällt bei flüssiger Reibung mit dem Lagerdruck p, Bild 48. Folge: Bei Teillast, obwohl Zünddruck und mittlerer Druck gegenüber Nennlast kleiner ist, ist p_r *nicht viel verschieden* von dem bei Nennlast. Ausnahme: Sofern man die Pumpverluste (Bild 2) bei der Reibung mitrechnet, wird bei Otto-Viertaktmotoren das p_r bei Teillast sogar oft größer, eine Folge des Unterdrucks beim gedrosselten Einsaughub; s. Bild 49 strichpunktierte Kurve.

c) Der Reibungsdruck p_r *wächst mit der Zähigkeit (Viskosität) des Öls* in den Lagern und an der Zylinderwand. Dieses bedeutet aber nicht etwa, daß die Auswahl der Ölsorte etwa nur unter dem Gesichtspunkt einer geringen Ölzähigkeit erfolgen dürfte, da eine gewisse Höhe der Viskosität (und zahlreiche andere Eigenschaften des Öls) zur Erreichung sicherer Schmierung notwendig sind. Die Zähigkeit der Öle nimmt mit der Temperatur ab, so daß ein Motor bei Betrieb mit hoher Öltemperatur (im allgemeinen zusammenhängend mit hoher Kühlwassertemperatur) weniger Reibung hat als bei tiefer Temperatur, s. z. B. [91]. Bei vergleichenden Reibungsmessungen ist daher auf möglichst gleiche Maschinentemperatur zu achten.

Über die *Verteilung* der Motorreibung im engeren Sinn (s. dritte Zeile dieses Kapitels) *auf die verschiedenen Ursachen* gibt Bild 50 einen gewissen Aufschluß. Ullmann [95] hat im Schleppversuch die Reibung an mehreren Einzylindermotoren von 0,27 bis 1,6 Liter Hubvolumen und außerdem an der im Bild oben gezeichneten Versuchsmaschine untersucht; bei letzterer war über dem Kolben ein großer Raum angeordnet, der auf einem im Betrieb konstanten Druck p gehalten werden konnte. Die im Bild 50 gezeigten Ergebnisse dieser Messungen zeigen die Gültigkeit der unter a) genannten Regel, aber auch ihre Einschränkung bei Wälzlagern. Die Viertaktmotoren haben eine höhere Reibung als Zweitaktmotoren, weil bei ihnen auch noch im Auslaß- und Einsaughub zusätzlich Reibung entsteht, namentlich durch Beschleunigungskräfte bei hohen Drehzahlen; wobei wegen Fehlens der Gaskraft kein gegenseitiges teilweises Aufheben von Beschleunigungs- und Gaskraft wie bei Kompressions- und Expansionshub. — Die Aufteilung des schraffierten Teils durch kleine Kreise stammt von Ullmann; die durch Dreiecke vom Verfasser, wobei angenommen wurde, daß die Kolbenreibung, soweit sie durch Beschleunigung und Federspannung der Kolbenringe entsteht, (schraffierter Teil über der Marke), bei Motoren mit Wälzlagern gerade so groß ist wie bei Motoren mit Gleitlagern. — Von der am Kolben entstandenen Reibung entfällt nach Ullmann auf die durch Gasdruck und Federkraft

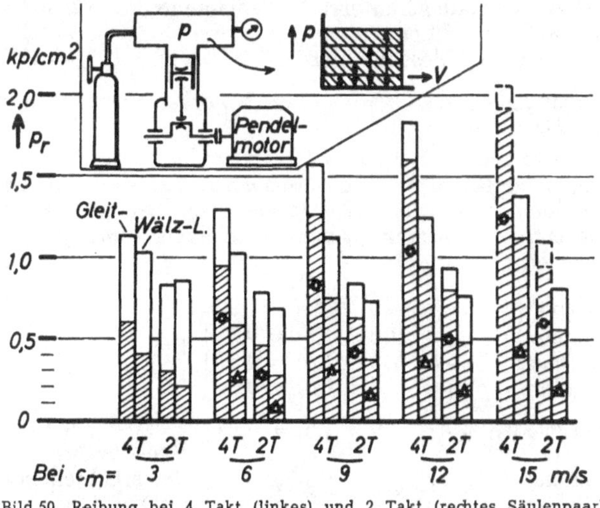

Bild 50. Reibung bei 4 Takt (linkes) und 2 Takt (rechtes Säulenpaar); bei Gleitlagern (linke) und Wälzlagern (rechte Säule). Nach K. Ullmann [95].

Aufteilung der Reibung auf Ursachen:

Schraffiert: Reibung ohne Gasdruck, also hauptsächlich durch Beschleunigungskräfte.

Nicht schraffiert: Reibung zusätzlich durch Gasdruck.

Gesamtsäule unter Kreis oder Dreieck: Ungefähre Reibung in Lagern.

Gesamtsäule über Kreis oder Dreieck: Ungefähre Reibung an Kolben und Kolbenringen.

angepreßten Kolbenringe nur ein kleiner Teil; ein größerer auf den von der Querkraft an die nur mäßig geschmierte Wand angepreßten Kolbenschaft. Doch fanden andere, z. B. Ricardo [5], nicht unbeträchtliche Beträge der Ringreibung. Vergleiche auch [90]. — Verwendung der Motorreibung zum Bremsen des Fahrzeugs s. Bild 54.

Mechanischer Wirkungsgrad η_m

Diesen findet man am besten nach Gl. 18 u. 17 aus p_r (z. B. Bild 47, 49) und aus p_e (Tabelle S. 102). Übliche Werte bei Nennlast nach [14] für nicht aufgeladene Motoren:

bei großen stationären und Schiffsdieselmotoren	82—92%
bei Fahrzeug-Ottomotoren	82—92%
bei Fahrzeug-Dieselmotoren	78—86%

Abhängigkeit des η_m von der *Motorbelastung* p_e und der *Drehzahl* n.

Im folgenden Beispiel sei bei Nennlast $p_e = 6$ kp/cm² angenommen, ferner bei normalem n das $p_r = 1{,}5$, bei erhöhtem n das $p_r = 2{,}0$ (siehe oben bei a). Vereinfachend sei p_r als von p_e ganz unabhängig vorausgesetzt, (s. oben unter b).

Allgemein	$\eta_m = p_e/p_i = p_e/(p_e + p_r)$.	
Nennlast	$\eta_m = 6/(6 + 1{,}5) = 0{,}8$	Bei abnehmender Last sinkt η_m
Halblast	$\eta_m = 3/(3 + 1{,}5) = 0{,}67$	
Leerlauf	$\eta_m = 0/(0 + 1{,}5) = 0$	
Aufgeladen	$\eta_m = 9/(9 + 1{,}5) = 0{,}86$	Bei erhöhtem p_e steigt η_m
Nennlast, n erhöht	$\eta_m = 6/(6 + 2{,}0) = 0{,}75$	Bei erhöhtem n sinkt η_m

8. Einfluß der umgebenden Atmosphäre auf Leistung und Kraftstoffverbrauch. Die Reduktionsformeln.

Ein Motor ändert seine Leistung und seinen Brennstoffverbrauch, wenn sich Druck und Temperatur der von ihm eingesaugten Luft ändern; bei höheren Lufttemperaturen ist auch die Feuchtigkeit der Luft von Einfluß (Tropen). Die Ursache ist die, daß mit diesen Größen sich auch die Menge des eingesaugten Sauerstoffs ändert. Solange ein Motor an einem bestimmten Ort verbleibt, sind die Schwankungen der Leistung, welche durch den Wechsel des Barometerstandes (5 % um den Mittelwert herum) und der Lufttemperatur bedingt sind, merklich, aber nicht allzu groß. Wenn aber z. B. ein in einer europäischen Stadt gebauter Motor an einem anderen Aufstellungsort in großer Meereshöhe betrieben wird, wird er dort wegen des geringeren Luftdrucks bedeutend weniger leisten. Wegen dieser Schwankungen besteht das Bedürfnis, eine bei bestimmter Größe von Luftdruck, Temperatur und Luftfeuchtigkeit, also eine bei einem bestimmten „Bezugszustand" vorhandene Leistung als eine Art genormte Leistung festzulegen; dies ist in Deutschland die Leistung N_{red} nach DIN 70 020 (Kraftwagenmotoren) und N_{eo} nach DIN 6270 (Motoren für allgemeine Verwendung). Aus diesen Werten kann man dann mit Hilfe der sogenannten Reduktionsformeln die unter anderen Bedingungen, z. B. in großer Meereshöhe, vorhandene Leistung N_e berechnen und umgekehrt.

Diese Formeln gehen im Grundgedanken auf die Bestimmung der Menge der Luft zurück (Gewicht G oder Masse m), welche der Motor je nach der umgebenden Atmosphäre einsaugt. Es ist nach der Zustandsgleichung, siehe F 4,

$$G = PV/RT \qquad\qquad m = PV/RT$$

wobei für Luft die Gaskonstante $R = 29{,}3$ ist. Saugt der Motor ein gegebenes Volumen V m³ ein, so wächst G bzw. m mit dem Druck P (kp/m²) und nimmt ab mit der absoluten Temperatur $T = 273 + t$ Grad; T in Kelvin, t in Celsius.

Es hat sich nun gezeigt, daß die Leistung eines Motors erwartungsgemäß ziemlich genau proportional mit dem Druck P der Luft (ausgedrückt auch als Barometerstand b; $P = 13{,}6\ b$) steigt und fällt. Aber der Einfluß der Temperatur T hat sich als wesentlich geringer erwiesen als nach der Zustandsgleichung zu erwarten. Dies rührt daher, daß die Luft (oder beim Ottomotor das Luft-Brennstoffgemisch) beim Einsaugen oder Einspülen von den heißen Wänden des Motors stets stark erwärmt wird, so daß es gar nicht mehr so sehr darauf ankommt, ob sie vorher außerhalb schon mehr oder weniger erwärmt war. Um den Einfluß der Temperatur in der Formel zu schwächen, wendet man in Deutschland das Mittel an, daß man die Temperatur statt in der ersten Potenz nur unter der Quadratwurzel auftreten läßt. So entsteht die vielgebrauchte und in Deutschland für Kraftwagenmotoren genormte (DIN 70 020, Blatt 3) Formel

$$N_{red} = N_e \cdot \frac{760}{b} \cdot \sqrt{\frac{273 + t}{273 + 20}}$$

N_{red} Leistung in PS im Bezugszustand, der hier 760 Torr und 20° Celsius. Ein Druck von etwa 760 Torr herrscht in Meereshöhe. 760 Torr = 1,0332 kp/cm² = 1 physikalische Atmosphäre = 1 atm

N_e Leistung in PS im jeweiligen Zustand bei b Torr und t° Celsius

b Barometerstand in Torr (Torricelli) d. h. in mm Quecksilbersäule.

Beispiel: Ein Motor möge auf dem Prüfstand in München (500 m Meereshöhe) bei 715 Torr und 30° Celsius eine Leistung N_e von 50 PS ergeben haben. Dann ist

$$N_{red} = 50 \cdot (760/715) \cdot \sqrt{303/293} = 50 \cdot 1{,}063 \cdot 1{,}017 = 54{,}0 \text{ PS}$$

Derselbe Motor hätte in einer Meereshöhe von 1300 m, wo der Barometerstand 650 Torr beträgt, bei 20° eine Leistung von 46,2 PS, wie man durch Gleichsetzen der rechten Gleichungsseiten findet.

Die obige Formel ist nicht genügend genau, wenn es sich bei der Umrechnung um *große* Abweichungen des Barometerstands und der Temperatur vom Bezugswert handelt, wie sie bei Verwendung von Verbrennungsmotoren in hochgelegenen Ländern und in tropischem Klima sowie in großen Flughöhen vorkommen [8, 96, 97].

Die Fehler der obigen Formel rühren besonders davon her, daß der Luftzustand die indizierte Leistung beeinflußt und nicht, wie bisher der Einfachheit halber gerechnet, die effektive. Ferner darf man nicht vernachlässigen, daß bei einer Temperatur über etwa 30° feuchte Luft eine so große Menge Wasserdampf enthält, daß die Zahl der Sauerstoffmoleküle je Raumeinheit dadurch merklich geringer wird. Unter den verbesserten, diese Umstände berücksichtigenden Formeln wird auf die in Beiblatt 1 u. 2 von DIN 6270 zu findenden hingewiesen; diese gelten für nicht aufgeladene und gewisse aufgeladene (aber nicht mit Abgasturbolader aufgeladene) Motoren allgemeiner Verwendung, also nicht nur für Automotoren. Dort findet man folgende bequeme Gebrauchsformeln:

$$N_e = \alpha \cdot N_{e\,o} \qquad b_e = \beta \cdot b_{e\,o}$$

N_e effektive (nutzbare) Leistung im jeweiligen Zustand in PS

$N_{e\,o}$ effektive (nutzbare) Leistung im Bezugszustand. Hier ist jedoch der Bezugszustand 736 Torr, 20° Celsius und 60 % Luftfeuchtigkeit.
736 Torr = 1 at = 1 kp/cm² = 1 techn. Atmosph.

b_e u. b_{eo} der spezifische Brennstoffverbrauch in g/PS h, im jeweiligen und im Bezugszustand (736 Torr, 20° Celsius).

α und β gehen aus den Tabellen Seite 118 u. 119 hervor, welche Auszüge aus den Tabellen des Normblatts 6270 sind.

Verwendung der Tabellen

α: Wenn man den Barometerstand gemessen hat (Spalte 2) oder wenn man die Meereshöhe des Aufstellungsorts (Spalte 1) und damit den mittleren dortigen Barometerstand kennt, kann man aus Spalte 3—6 den Faktor α ablesen. Dieser gilt bei Spalte 3 und 4 praktisch für alle Feuchtigkeitsverhältnisse, bei 5 und 6 für etwa 60 % Luftfeuchtigkeit; beträgt die Luftfeuchtigkeit bei Temperaturen von 35° und 50° jedoch 100 %, womit in vielen tropischen Gegenden zu rechnen ist, so benutze man statt 5 und 6 die Spalten 7 und 8.

Alle Spalten 3—8 gelten für den mechanischen Wirkungsgrad von 85 % bei Vollast. Ist dieser kleiner, so lese man aus

3—8 das α ab, und suche diese Zahl in Spalte 9. Rechts davon findet man dann in Spalte 10 und 11 denjenigen berichtigten Zahlenwert, der für 80 % und 75 % mechanischen Wirkungsgrad gilt.

β: Man suche das aus Spalte 3 bis 8 ermittelte α wieder in Spalte 9. Rechts davon findet man in den Spalten 12, 13 und 14 den für Errechnung des spez. Brennstoffverbrauchs zugehörigen Faktor β.

Bei der Berechnung der Höhenleistung von *Kolbenflugmotoren,* soweit sie nicht aufgeladen sind, legt man für die jeweilige Flughöhe den Druck und die Temperatur einer genormten Atmosphäre zugrunde, der Cina-Atmosphäre (Cina = Commission Internationale de Navigation Aérienne). Siehe DIN 5450, auszugsweise

Einfluß von Druck und Temperatur der Atmosphäre auf Leistung (α) und Brennstoffverbrauch (β) von Motoren

Nach DIN 6270 Beiblatt 1 und 2

		Tafel I für α (wenn $\eta_m = 0{,}85$)					
1	2	3	4	5	6	7	8
Höhe über *NN* m	Luftdruck Torr	Für Luftfeuchtigkeit 60%				Für L.-F. 100%	
		Temper. d. eingesaugten Luft:				Temp. d. e. L.:	
		5°	20°	35°	50°	35°	50°
0	760	1,10	1,04	0,97	0,89	0,95	0,84
500	716	1,03	0,97	0,91	0,83	0,88	0,77
1000	674	0,96	0,90	0,84	0,77	0,82	0,71
1500	634	0,89	0,84	0,78	0,71	0,76	0,66
2000	596	0,83	0,78	0,73	0,66	0,70	0,60
2500	560	0,77	0,73	0,67	0,60	0,65	0,55
3000	526	0,72	0,67	0,62	0,55	0,60	0,50
3500	493	0,67	0,62	0,57	0,51	0,55	0,45
4000	462	0,62	0,58	0,53	0,46	0,50	0,40
4500	433	0,57	0,53	0,49	0,42	0,46	0,37
5000	405	0,52	0,49	0,44	0,38	0,42	0,33

z. B. [13]. Die Temperaturen der freien Atmosphäre, welche in der Cina-Tabelle erscheinen, sind niedriger als die für gleiche Meereshöhe in der Tafel S. 118 genannten, weil letztere die in Bodennähe und nicht die in Flugzeugumgebung vorkommenden Temperaturen bringt. Leistung und Verbrauch des nicht aufgeladenen Kolbenmotors bei Höhenflug siehe [8].

	Tafel II für α $\begin{pmatrix}\text{wenn } \eta_m = 0{,}80\\ \text{wenn } \eta_m = 0{,}75\end{pmatrix}$ u. β				
9	10	11	12	13	14
α nach Tafel I	α für $\eta_m = 0{,}80$	α für $\eta_m = 0{,}75$	β für $\eta_m = 0{,}85$	β für $\eta_m = 0{,}80$	β für $\eta_m = 0{,}75$
0,90	0,90	0,89	1,01	1,02	1,02
0,80	0,79	0,78	1,03	1,04	1,05
0,70	0,69	0,67	1,05	1,07	1,09
0,60	0,58	0,56	1,07	1,11	1,15
0,50	0,48	0,45	1,11	1,16	1,23
0,43	0,40	0,38	1,15	1,22	1,32

9. Leistungs-Bezeichnungen, Leistungs- und Last-Stufen

Die Nutzleistung N_e nach deutschen Normen und nach anderen Definitionen

Für alle Verbrennungsmotoren gilt in Deutschland DIN 1940; für Verbrennungsmotoren „für allgemeine Verwendung", d. h. praktisch alle außer Kraftfahrzeug- und Flugzeugmotoren, DIN 6270 mit Beiblatt 1 und 2; für Kraftfahrzeugmotoren DIN 70 020 Blatt 3. Übereinstimmend legen diese Normen dem Sinn nach (Wortlaut siehe die Normblätter) u. a. fest, daß unter Nutzleistung diejenige Leistung zu verstehen ist, die man am Kupplungsflansch des mit allen Hilfseinrichtungen ausgerüsteten Motors mißt; d. h. die Leistung, welche für die Abgabe nach außen übrig bleibt, wenn der

Eigenleistungsbedarf der vom Motor angetriebenen Hilfseinrichtungen (diese siehe H 7, erster Absatz) abgezogen wurde. Nach Gewohnheit und Norm anderer Länder unterbleibt aber oft dieser Abzug, z. B. nach den amerikanischen SAE-Bestimmungen (American Society of Automotive Engineers); es wird also dabei die Leistung des eigentlichen Verbrennungsmotors, an dem keine Hilfsmaschinen hängen, bestimmt. Ein und dieselbe Maschine hat also nach DIN-Normen eine geringere Anzahl von PS als z. B. nach den SAE-Bestimmungen. — Bei DIN 70 020 ist bei der Leistungsdefinition für den Kraftfahrzeugmotor reihenmäßige (serienmäßige) Ausrüstung *einschl.* der Ansaug- und Auspuffanlage verlangt.

Die Leistungsstufen und Laststufen

Es besteht ein Bedürfnis nach einer Bezeichnung für jene Leistung, die unter verschiedenen Namen wie Volleistung, Dauerleistung, Normalleistung, gewöhnliche Nutzleistung usw. zwar nicht scharf definiert ist, bei der aber im Grund immer etwas ähnliches gemeint ist, nämlich die nach außen abgegebene Leistung in einem Betriebszustand großer, aber noch im *Dauerbetrieb* ertragener Kraftentfaltung. Genormt sind in Deutschland (als Unterbegriffe der oben genannten Nutzleistung): In DIN 6270 für Motoren allgemeiner Verwendung die „Dauerleistung überlastbar N_A“ (Kurzbezeichnung „Dauerleistung A“) und die „Dauerleistung nicht überlastbar N_B“ (Kurzbezeichnung „Dauerleistung *B*“). Genaueres siehe das Normblatt. Kurz gesagt ist es so, daß ein Motor mit Dauerleistung *B* bei solchen Verwendungszwecken angeboten wird, bei denen man eine nicht ganz so hohe Dauer großer Belastung voraussetzt, wie dies bei *A* der Fall ist. Dauerleistung A ist z. B. für Schiffsmaschinen und Motoren in Elektrizitätswerken vorgesehen, *B* für Einbaumotoren, z. B. solche für Baumaschinen. Ferner ist bei *B* eine Leistungsbegrenzung vorhanden (bei Dieselmotoren ein Endanschlag an der Regelstange der Einspritzpumpe), so daß das N_B nicht überschritten werden kann. Die Leistung N_B kann daher bei ein und demselben Motor etwas höher sein als N_A, meist um rund 10 %.

In die Nähe dieser Begriffe gehört die für Kraftfahrzeugmotoren nach DIN 70 020 festgelegte *„größte Nutzleistung“*, die „der Motor im thermischen Beharrungszustand abgeben kann“. Wenn es auch für ihre Festlegung keine starren Regeln gibt, findet man für sie doch häufig Angaben, die bezüglich des Mitteldrucks dem N_B nahe kommen oder auch etwas höher liegen als diese. — Bei jeder dieser Leistungen ist stets die zugehörige Drehzahl n mit anzugeben.

Unter diesen bisher genannten, mehr oder weniger für Dauerbetrieb gedachten Leistungen liegen die ebenfalls dauernd zulässigen *Teilleistungen*; *darüber* liegen *größere*, aber nur *für kurze Zeitdauer* zulässige Leistungen. In Deutschland sind davon genormt: Bei Motoren für allgemeine Verwendung nach DIN 6270 die Überleistung $N_{ü}$ (die er eine Stunde lang in zusammenhängenden oder innerhalb von sechs Stunden in unterbrochenem Betrieb abgeben kann) und die Höchstleistung N_H, die er 15 Minuten lang ohne Überbeanspruchung abgeben kann. Bei Dieselmotoren findet man sich bei diesen vorübergehenden erhöhten Leistungen damit ab, daß im Auspuff eine kleine Menge Ruß vorhanden ist, während bei der im vorigen Absatz behandelten Dauerleistung der Auspuff praktisch rußfrei sein muß.

Bei *Flugmotoren* gab es die Begriffe: Erhöhte Kurzleistung (= Start- und Notleistung); Kurzleistung (= Steig- und Kampfleistung); erhöhte Dauerleistung; Dauerleistung; Reise- oder Spar-Leistung.

Wenn von *Vollast, Dauerlast, Teillast, Überlast* gesprochen wird, so ist manchmal damit einfach Volleistung, Dauerleistung, Überleistung gemeint.

Sinnvoller ist es aber daran zu denken, daß diese auf den Prüfständen vielgebrauchten Begriffe eben mit der Brems*last* der Prüfstandsbremse zu tun haben; man sollte bei diesen Worten nicht an eine Leistung, sondern an die Bremslast, also an das dieser verhältige Drehmoment und den (Gl. 22 und 23) mittleren Druck p_e denken. Dieser Gebrauch ist insbesondere bei dem ortsfesten (stationären) Motor zweckmäßig, der immer mit (praktisch) derselben Drehzahl betrieben wird. Z. B. möge bei einem solchen Motor bei seiner Betriebsdrehzahl die Dauerlast ein $p_e = 6{,}0\ \text{kp/cm}^2$ bedeuten; dann kann man $p_e = 3\ \text{kp/cm}^2$ als Halblast, $p_e = 1{,}5\ \text{kp/cm}^2$ als Viertellast und etwa auch $6{,}6\ \text{kp/cm}^2$ als Überlast bezeichnen.

Vom Leser kann nicht erwartet werden, daß er sich in diesem Dickicht von Bezeichnungen und Normen, die in dem kleinen Buch nur auszugsweise gebracht werden können, bis in alle Einzelheiten unterrichtet. Weil man aber einen Sammelbegriff braucht für das, was mit den im ersten Absatz genannten Begriffen Volleistung, Normalleistung, Nutzleistung, Dauerleistung (in Deutschland je nach Art des Motors A oder B oder größte Nutzleistung) ungefähr zusammenfällt, hält sich der Verfasser für den engeren Gebrauch dieses Buches an die Bezeichnungen „*Nennleistung*" und „*Nennlast*". Die Nennleistung ist dabei die Leistung, die man in Typenlisten, Werbeschriften und Angeboten findet; in Deutschland wird dabei oft angegeben sein, welche der oben genannten Leistungsarten im einzelnen damit gemeint ist. Nenn*last* ist dann das zur Nennleistung gehörige Drehmoment bzw. p_e.

J. Wirkungsgrade und Kraftstoffverbrauch des Verbrennungsmotors

1. Wirkungsgrade

Der Verbrennungsmotor rechts oben im Bild 51 möge eine Stunde lang ein PS abgeben, also eine Arbeit L_e = 1 PS h oder 0,736 kWh. Diese ist gleichbedeutend mit $1 \cdot 75 \cdot 3600 = 270\,000$ m kp oder, in die Energieeinheit der Wärme umgerechnet, mit $270\,000/427 = 632{,}6$ kcal oder 2 648 000 Joule. Links oben ist sinnbildlich die vom Motor dafür benötigte Kraftstoffmenge gezeichnet. Ein „idealer", d. h. ein verlustlos arbeitender Motor käme mit einer Kraftstoffmenge aus, die nur 632,6 kcal an chemisch gebundener Wärmeenergie enthalten müßte. Der wirkliche, verlustbehaftete Motor braucht aber viel mehr, rund das drei- bis vierfache. Verfolgen wir den in Bild 51 dargestellten Energiefluß, der von links nach rechts immer dünner wird.

Im *Kraftstoff* links in Bild 51 seinen Q kcal enthalten. Selbst wenn im Motor sich ein theoretischer, „*vollkommener*" Kreisprozeß abspielen würde (vgl. Bd. I, C 2), so würde schon dieser mit Verlusten a (hauptsächlich mit den Auspuffgasen entweichende Wärme) behaftet sein. Deshalb ist die im „vollkommenen" Kreisprozeß erzeugte Arbeit L_v (s. Bild 44) kleiner als Q; Wirkungsgrad η_v. Das Diagramm des *wirklichen* Motors hat eine Fläche L_i (Bild 45), die wieder kleiner ist als L_v; die zwischen L_v und L_i liegenden Verluste b treten zum Teil in Form von Kühlwasserverlusten auf. Das Verhältnis der Arbeiten L_i/L_v

wird Gütegrad η_g genannt. Auf dem Weg vom Gasdruck, der auf den Kolben wirkt, bis zum Flansch der Kurbelwelle, an dem die nutzbare, effektive Arbeit L_e abgegeben wird, entstehen die Reibungsverluste c; der mechanische Wirkungsgrad η_m ist dem Leser aus Abschnitt H 2 und 7 bekannt. — Es gilt also:

$$Q > L_v > L_i > L_e \tag{28}$$

$$\eta_v = L_v/Q \qquad \eta_g = L_i/L_v \qquad \eta_m = L_e/L_i \tag{29}$$

Man kann η_v und η_g zum indizierten oder Innen-Wirkungsgrad η_i, und kann η_v, η_g und η_m zum effektiven oder Nutz-Wirkungsgrad η_e zusammenfassen:

$$\eta_i = \eta_v \cdot \eta_g = L_i/Q \tag{30}$$

$$\eta_e = \eta_v \cdot \eta_g \cdot \eta_m = L_e/Q \tag{31}$$

Zahlenbeispiele von Wirkungsgraden bei Nennlast siehe unten in Tabelle S. 127.

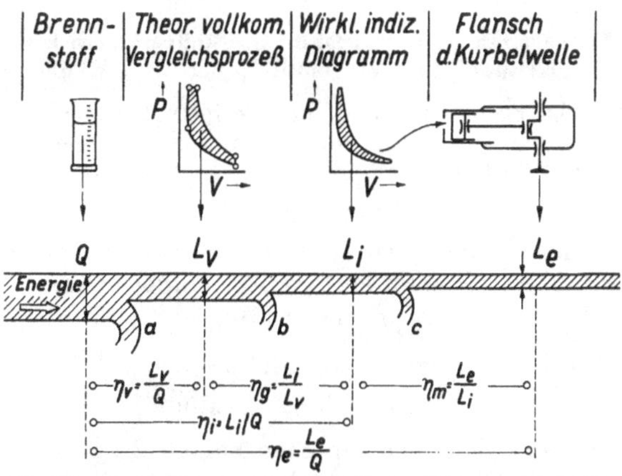

Bild 51. Entstehung der vom Motor (oben rechts) an der Welle abgegebenen Arbeit L_e aus der Wärme Q des Brennstoffs (links) auf dem Weg über die Arbeit L_v des vollkommenen und L_i des wirklichen Kreisprozesses.

Die Bezeichnungen der Wirkungsgrade stimmen in den verschiedenen Büchern leider nicht überein. Normung nach DIN 1940. Die hier benutzten sind die von E. Schmidt [7] gebrauchten mit der Ausnahme, daß dort statt η_v der Buchstabe η benutzt wird. Nusselt ersetzt in seinem Göschenbändchen [Bd. I, 5 u. 6] das η_v durch den thermischen Wirkungsgrad η_t, η_g durch indizierten Wirkungsgrad, η_e durch den wirtschaftlichen Wirkungsgrad η_w; η_i im Sinn der Gl. (30) wird von ihm nicht gebraucht.

Grigull benutzt in seinem Göschenbändchen 1084a „Technische Thermodynamik" statt η_v die Bezeichnung η_{th} (thermischer Wirkungsgrad).

Angesichts der verschiedenen z. Z. benutzten Maßsysteme mag der nochmalige Hinweis darauf gestattet sein, daß die Gleichungen 28—31 nur dann richtige Ergebnisse liefern, wenn man für alle eine Arbeit, eine Energie bedeutenden Größen, also für Q und alle L, *dieselbe* Maßeinheit benutzt, also *entweder* m kp, *oder* PS h, *oder* kWh, *oder* kcal, *oder* Joule.

2. Wärmeverbrauch W in kcal/h. Kraftstoffverbrauch B (kg/h) und spezifischer Verbrauch b_e und b_i (g/PS h)

Der Wärmeverbrauch Q des verlustbehafteten bisher betrachteten Motors, der an der Kurbelwelle eine Arbeit L_e von 1 PS_eh erzeugt, ist also nicht 632 kcal, sondern

$$Q = 632/\eta_e \quad \text{kcal/PS h.} \tag{32}$$

Ein größerer Motor, der in einer Stunde nicht 1, sondern N_e PS erzeugt, braucht eine größere Wärmemenge

$$W = N_e \cdot Q \quad \text{kcal/h.} \tag{33}$$

Setzt man Q aus der vorigen Gl. 32 ein:

$$W = 632 \cdot N_e/\eta_e \quad \text{kcal/h.} \tag{34}$$

Verbraucht dieser Motor in einer Stunde B kg Kraftstoff von einem unteren Heizwert H_u kcal/kg, so ist $W = B \cdot H_u$. Setzt man diesen Wert in Gl. 34 ein, stellt N_e auf die linke und H_u auf die rechte Gleichungsseite, so erhält man für den „spezifischen Kraftstoffverbrauch b_e":

$$b_e = B/N_e = 632/(H_u \cdot \eta_e) = 632/(H_u \cdot \eta_v \cdot \eta_g \cdot \eta_m) \text{ kg/PSh} \quad (35)$$

b_e ist also der auf 1 effektive d. h. nutzbare PS h bezogene Verbrauch. Soll er, wie vielfach üblich und auch in DIN 1940 vorgeschrieben, nicht in kg/PS h, sondern in g/PS h ausgedrückt werden, so muß der in Gl. 35 erhaltene Zahlenwert mit 1000 multipliziert werden. — Der spezifische Brennstoffverbrauch ist dem Kehrwert des Wirkungsgrades η_e verhältig. Wenn man analog den Brennstoffverbrauch nicht auf die effektive (nutzbare) Leistung N_e, sondern auf die indizierte (innere) N_i bezieht, erhält man, indem man den Unterschied der Gl. 30 und 31 beachtet:

$$b_i = B/N_i = 632/(H_u \cdot \eta_i) = 632/(H_u \cdot \eta_v \cdot \eta_g) \text{ kg/PSh.} \quad (36)$$

Die Division der Gl. 35 durch Gl. 36 ergibt

$$b_e/b_i = N_i/N_e = 1/\eta_m = p_i/p_e; \quad (37)$$

Je besser Verbrennung (Bd. I), Ladungswechsel (Abschnitt F) und je geringer die Reibung (H 7), um so höher werden die Wirkungsgrade, um so niederer die Verbrauchszahlen b_i und b_e.

3. Zahlenwerte des Kraftstoffverbrauchs und der Wirkungsgrade bei Nennlast. Ihre Gewinnung auf dem Prüfstand und durch Rechnung

Einige übliche Zahlen des spez. Verbrauchs b_e verschiedener Motorenarten gehen aus den Kurven der Bilder 52 und 53 sowie (Fahrzeugmotoren) 56 bis 59 hervor.

Mehr ins einzelne gehende Angaben über die Zahl des Nennlastverbrauchs und der in Abschnitt 1 genannten Wirkungsgrade sind in der Tabelle Seite 127 enthalten. Als Beispiel ist Motor *A* ein Personenwagenmotor (Ottomotor) von 1,6 Liter Hubvolumen; Betriebszustand etwa wie bei Höchstgeschwindigkeit des Wagens. Motor *B* ist ein Dieselmotor bei einer nicht aufgeladenen Nennleistung (Dauerleistung *A*) von 316 PS; ein stationärer Motor oder Schiffsmotor.

Zahlenwerte wie die in der Tabelle aufgeführten lassen sich auf Grund von Messungen *auf dem Prüfstand* und von *Rechnungen* folgendermaßen gewinnen:

N, n, p_e: An der Bremse (Bd. I Bild 6) läßt sich M_d und n mit guter Genauigkeit messen; daraus N_e nach Gl. 21 und p_e nach Gl. 22, 23.

η_m: Bei langsam laufenden Motoren, deren n einige hundert Uml./min nicht übersteigt, lassen sich mit dem Druckindikator ausreichend genaue p-V-Diagramme gewinnen, die planimetriert p_i ergeben; aus p_e und p_i nach Gl. 17 und 18 das p_r und η_m. Bei raschlaufenden Maschinen wird mit zunehmendem n die Gewinnung genauer p-V-Diagramme immer fragwürdiger, s. A 8; bei solchen Motoren, namentlich Fahrzeugmotoren, gewinnt man η_m fast immer dadurch, daß man den mit einer auf das elektrische Netz arbeitenden Pendeldynamo gekuppelten Motor abstellt und baldigst nach Beruhigung der Waage das Antriebsmoment M_r' an der Waage abliest. Aus M_r' errechnet man nach Gl. 22 u. 23, an der nur die Zeiger e durch r zu ersetzen sind, das p_r und findet damit η_m. Allerdings muß bei genauen Messungen M_r' noch korrigiert werden, da das Schleppmoment M_r' des abgestellten, von der Pendelmaschine angetriebenen Motors nicht genau gleich dem gesuchten Reibungsmoment M_r des mit eigener Kraft laufenden Motors ist; siehe [90, 91, 95].

Weitere Verfahren zur Bestimmung des M_r und p_r: Bei Mehrzylindermotoren Abschalten jeweils eines Zylinders und Beobachten des Abfalls des Drehmoments; oder: Bei Dieselmotoren zeichne Diagramm $B = f(p_e)$ (Bild 52) und verlängere die B-Kurve nach links bis zur Abzissenachse. Diese beiden Verfahren sind z. B. unter den Namen Morse- und Willans-Versuch in [5] beschrieben.

Kraftstoffverbrauch B, unterer Heizwert H_u; B mit der Stoppuhr an für Mengen-Messung eingerichteten Brennstoffbehältern; H_u aus kalorimetrischen Messungen bzw. Angaben der Lieferfirma. H_u im Beispiel = 10 200 kcal/kp. Bd. I Tabelle in B 3.

Thermischer Liefergrad η_v: Für vollkommenen Gleichraumprozeß (Bd. I, Bild 17) nach Formel $\eta_v = 1 - 1/\varepsilon^{n-1}$; siehe Kurve Bd. I, Bild 20; dortiges η_{th} identisch mit η_v; $n = 1{,}35$.

Neuzeitliche Otto- und Dieselmotoren haben meist eine gemischte Verbrennung (s. Bd. I, Diagr. Bild 18), wenn auch oft mit starker Annäherung an die Gleichraumverbrennung; daher fallen die Werte η_v in der Tabelle etwas niederer (Bd. I, Bild 21) aus als in Bild 20 des Bands I (in Tabelle $\psi = 1{,}3$ gewählt nach Gl. 150 im Buch E. Schmidt [7]).

Zwei Beispiele für Kraftstoffverbrauch und Wirkungsgrade bei Nennlast

Motor			A	B
Bauweise: Vierzylinder, Viertakt			Otto	Diesel
Hub s		mm	83	420
Bohrung D		mm	78	290
Hubvolumen der 4 Zylinder V_H		dm³	1,6	111
Leistung N_e		PS	56	316
Drehzahl n		Uml/min	4200	428
Verdichtungsgrad ε			7,5	18
Mittl. eff. Druck p_e		kp/cm²	7,5	6,0
Mittl. Kolbengeschwindigkeit $c_m = s \cdot n/30$ m/s (s in m)			11,6	6,0
Literleistung N_e/V_H		PS/dm³	35	2,8
Brennstoff-Verbrauch	je Std.	B kp/h	14,0	52,5
	je eff. PS h	$b_e = B/N_e$ g/PS h	250	165
	je ind. PS h	$b_i = B/N_i$ g/PS h	193,0	132
	$(b_i = b_e \cdot \eta_m)$			
Wirkungs-grade	η_m (mechanischer)		0,77	0,80
	$\eta_e = 632/(b_e \cdot H_u)$ (effekt.)		0,25	0,38
	$\eta_i = \eta_e/\eta_m$ (indizierter)		0,325	0,47
	η_v des vollk. Kreisprozesses		0,48	0,62
	$\eta_g = \eta_i/\eta_v$ (Gütegrad)		0,68	0,76

4. Der Kraftstoffverbrauch von ortsfesten Motoren mit konstanter Drehzahl bei Teillast

Ein ortsfester, „stationärer“ Motor wird mit praktisch immer gleichbleibender Drehzahl betrieben; diese einzuhalten wird er entweder durch einen Drehzahlregler (fast genau) oder, sofern er einen aufs Wechselstromnetz arbeitenden Synchrongenerator antreibt, durch dessen Frequenzkonstanz (genau) gezwungen. Bei ihm ist dann die Leistung N_e nach Gl. 19 u. 20 dem p_e verhältig und damit nach Gl. 21 auch dem Moment M_d. Der Motor von 214 Liter Hubvolumen mit der konstanten Drehzahl $n = 375$ des Kurvenbilds 52 hat bei Nennlast (Punkt A) ein $N_e = 480$ PS, damit ein $p_e = 5{,}4$ kp/cm² und ein $M_d = 920$ kp · m; sinkt die Leistung beispielsweise auf die Hälfte, also auf 240 PS, so sinkt ebenso p_e auf 2,7 kp/cm² und M_d auf 460 kp · m; „Halblast“, siehe die Ziffer 1/2 des untersten Maßstabs. Analog bei anderen „Teillasten“ (H 9).

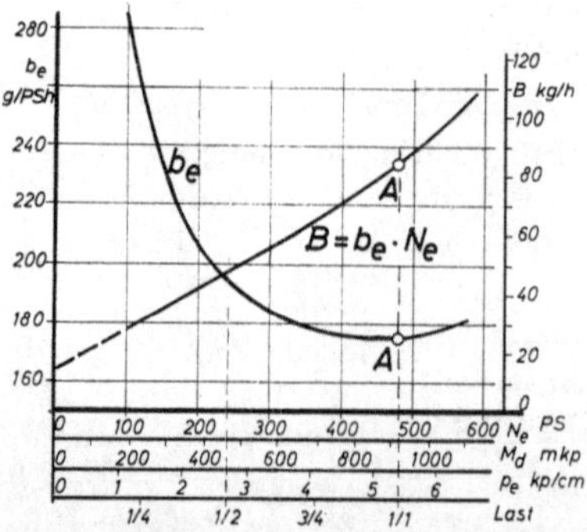

Bild 52. Absoluter Brennstoffverbrauch B in kg/h und spezifischer Verbrauch b_e in g/PSh eines nicht aufgeladenen ortsfesten Viertakt-Dieselmotors bei verschiedener Belastung. Drehzahl $n = 375$ Umdr./min.

Wie groß ist bei einem solchen Motor der Brennstoffverbrauch bei Teillast? Das Bild 52, das gemessene Verbrauchszahlen wiedergibt, zeigt, daß der Verbrauch B (bezogen auf die Betriebsstunde h) mit der Belastung ziemlich proportional anwächst, dagegen b_e (bezogen auf PS h) gerade bei kleinen Lasten stark ansteigt. Letzteres erklärt sich hauptsächlich damit, daß der Anteil der Eigenreibung an der indizierten Gesamtleistung mit fallender Belastung immer größer, der mechanische Wirkungsgrad immer schlechter wird (H 7, Schluß). Formelmäßige Erklärung: Aus Gl. 37 ergibt sich

$$b_e = b_i\, p_i/p_e = b_i\,(p_e + p_r)/p_e = b_i/\eta_m\ ;$$

In grober Annäherung ist b_i bei jeder Belastung p_e ungefähr gleich groß, wenigstens bei Dieselmotoren; nach H 7, Absatz b bleibt auch p_r bei verändertem p_e ziemlich konstant. Wenn in obiger Gleichung p_e kleiner wird, muß also b_e immer größer werden; bei Leerlauf wird $p_e = 0$ und b_e unendlich.

Bei vielen stationären Motoren ist Betrieb bei Teillast häufig oder die Regel. Deshalb ist anzustreben, daß die b_e-Kurve, wenn man von Nennlast (Punkt *A*) ausgeht, nach links nur wenig ansteigt. Geringe Reibung und bei Teillast wenigstens etwas sinkendes b_i (Dieselmotoren) wirken in diesem Sinne.

5. Die Kennlinien von Schiffsmotoren. Ihr Kraftstoffverbrauch

Bild 53 bezieht sich auf einen die Schiffsschraube antreibenden Motor und zeigt folgendes: Wenn die Pro-

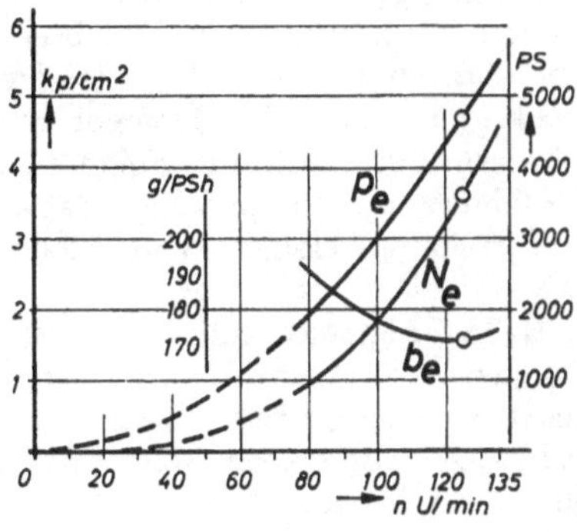

Bild 53. Leistung N_e, mittlerer Druck p_e und spezifischer Brennstoffverbrauch b_e eines Zweitakt-Schiffsdieselmotors. Nennlast unaufgeladen 3600 PS bei n = 125 Umdr./min.

peller- und Motor-Drehzahl n größer werden soll, und das Schiff dann im Beharrungszustand mit dieser weiterfahren soll, benötigt man eine erheblich größere Leistung N_e und auch ein erhöhtes p_e; letzteres ist nach Gl. 22 und 23 dem Moment M_d verhältig. Im einzelnen:

Der Schiffswiderstand W, an sich aus mehreren Einzelursachen entstehend, befolgt im wesentlichen das Gesetz, daß er mit dem Quadrat der Geschwindigkeit v wächst; für ihn und die ihm gleiche Vortriebskraft P der Schiffsschraube gilt also $W = P = a \cdot v^2$. Nun ist das Motormoment M_d dem P, die Motordrehzahl n dem v ziemlich verhältig, so daß auch $M_d = d \cdot n^2$, wobei d eine neue Konstante ist. Die Leistung $N_e = n \cdot M_d/716$ (Gl. 21) wird, wenn man das obige M_d einsetzt und e als eine neue Konstante einführt, $N_e = e \cdot n^3$.

Will man die Geschwindigkeit eines Schiffs z. B. um 20 % steigern, so muß also die Schiffsmaschine die 1,2fache Drehzahl, das $1{,}2^2 = 1{,}44$fache Moment und die $1{,}2^3 = 1{,}73$fache Leistung N_e aufbringen.

In Bild 53 wird bei fahrendem Schiff sich das p_e also ziemlich genau auf der eingezeichneten quadratischen, N_e auf der kubischen Parabel bewegen. Der verschiedene Charakter der Kurven ist bei Betrachtung ihrer jeweiligen Steigung gut erkennbar. Der Brennstoffverbrauch b_e pro PS und Stunde wird bei kleineren Drehzahlen höher, weil gleichzeitig das Moment abnimmt, was nach J 4 höheren Verbrauch zur Folge hat. Allerdings wird die Erhöhung dadurch gemäßigt, daß bei kleinen Drehzahlen die Reibung kleiner wird, siehe Bild 47. $B = b_e \cdot N_e$ (Gl. 35) nimmt mit n ab.

Beim Flugmotor gelten grundsätzlich dieselben Beziehungen. Aber beim Flug in der dreidimensionalen und nach oben an Dichte abnehmenden Atmosphäre gibt es zahlreiche zusätzliche Möglichkeiten und Einflüsse, die hier nicht behandelt werden können.

6. Das Kennfeld (n, M_d) der Motoren von Kraftwagen und von anderen Räderfahrzeugen. Der zugehörige Kraftstoffverbrauch.

a) Kennfeld n-M_d.

Im Gegensatz zu den stationären Motoren ändert sich beim Automotor sowohl die Drehzahl n als auch das Drehmoment M_d. Denn während der Fahrt, auch wenn nicht geschaltet wird, läuft der Motor abwechselnd schneller und langsamer; davon unabhängig gibt er z. B. bei steigender Straße ein höheres Drehmoment ab, als bei ebener Straße; bei fallender Straße, wenn der Fahrer den Motor leer mitlaufen läßt, um die Fahrt zu bremsen,

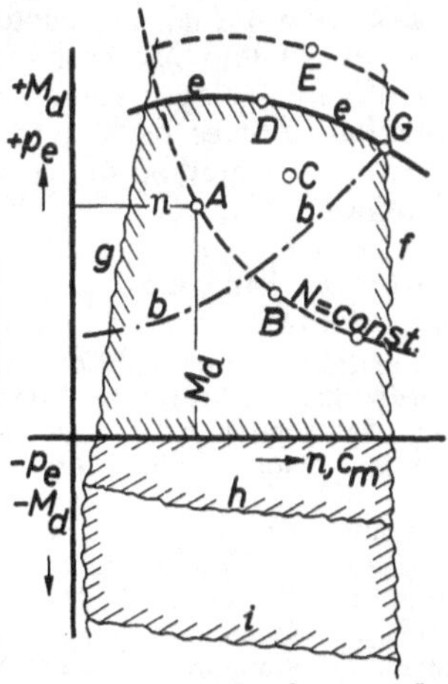

Bild 54. Kennfeld, innerhalb dessen ein Wagenmotor betrieben wird. \\\\ bei treibendem Motor, //// bei bremsendem Motor, wobei h und i die Begrenzungen des negativen Moments ohne und mit Motorbremse sind.

gibt der Motor sogar ein negatives Moment ab. Um den jeweiligen Betriebszustand des Motors beschreiben zu können, zeichnet man deshalb ein Diagramm mit n (oder dem nach Gl. 24 verwandten c_m) als Abszisse und mit M_d (oder oft mit dem nach Gl. 22, 23 verwandten p_e) als Ordinate; siehe Bild 54. Je nach dem Betriebszustand kommt es vor, daß der Motor z. B. in Punkt A, B, C, D oder E läuft.

Punkt D liegt auf der *Nennlast-Kurve e—e*. Diese gibt das größte Moment an, das der Motor im Dauerbetrieb hergibt (bei Nennlast, siehe H 1 und H 9). Warum die Kurve gegen kleine Drehzahlen hin ein wenig und gegen große hin stark abfällt, siehe H 3. Mutet man einem Ottomotor ein noch größeres Moment zu, z. B. E, so bleibt er im allgemeinen stehen („Abwürgen"); Dieselmotoren ertragen, soweit ihre Kraftstoffpumpe keine Füllungsbegrenzung aufweist, eine gewisse (10 bis 20 %) Überlastung, allerdings oft bei etwas rußendem Auspuff. Was zwischen *e—e* und der Abszisse liegt, sind Teillasten, z. B. Punkt A, B, und C.

Die *Leistung* N_e des Motors ist nach Gl. 21 dem Produkt aus n und M_d verhältig. Für Punkt A sind diese Koordinaten eingezeichnet (Rechteckfläche $M_d \cdot n$). Im Kennfeld gibt es bestimmte andere Punkte, z. B. B, bei denen dieses Produkt $M_d \cdot n$ gerade so groß ist, wie bei A. Verbindet man solche Punkte gleicher Leistung, so erhält man eine Hyperbel. An jeder der so gewonnenen Hyperbeln kann man anschreiben, wie groß die von ihr dargestellte Leistung in PS ist; s. Bild 56 und folgende.

Der Bereich, innerhalb dessen ein Fahrzeugmotor betrieben werden kann, ist nicht nur oben durch die Nennlastkurve *e—e begrenzt,* sondern auch noch rechts durch ein Höchstdrehzahlgrenze f; man soll einen Motor über eine bestimmte Drehzahl hinaus nicht betreiben, ihn nicht „überdrehen"; bei Fahrzeugdieselmotoren sperrt ein Drehzahlregler bei Erreichen der Höchstdrehzahl die Kraftstoffzufuhr ab. Links bedeutet Grenze g, so daß man den Motor nicht allzu langsam laufen lassen darf; vor allem, weil dann das bei Automotoren ziemlich kleine Schwungrad nicht mehr imstande ist, die Drehbewegung genügend gleichförmig zu halten, vielmehr der Motor sich ungleichmäßig und stoßend dreht; aber auch weil bei Ottomotoren die Gemischbildung in Vergaser und Saugrohr wegen zu kleiner Strömungsgeschwindigkeiten zu schlecht wird. Unten wird das negative Moment, das sich beim Bergabfahren oder Verzögern mit bremsendem Motor einstellt, durch h oder i begrenzt; h bei gewöhnlichen, infolge ihrer eigenen Reibung bremsenden Motoren, i bei Motoren mit Motorbremsung, siehe z. B. [11 u. 91].

Bei einem Kraftwagen ***bestimmt der Fahrer***, indem er das Fahrpedal (Gaspedal) mehr oder minder durchtritt, auf direktem Weg das vom Motor zu entwickelnde *Moment*. Geschwindigkeit des Wagens und Drehzahl des Motors stellen sich daraufhin nach den Bewegungsgesetzen des Autos ein. Bei vielen Eisenbahnfahrzeugen mit Dieselantrieb verhält es sich ähnlich. Bei Ackerschleppern dagegen wünscht man eine gewählte Drehzahl des Motors gleichmäßig beizubehalten; dies besorgt ein Fliehkraftregler, ähnlich wie beim stationären Motor; der Fahrer beeinflußt den Motor indirekt, indem er den Regler auf die gewünschte Drehzahl einstellt, was durch Spannen oder Lockern einer Feder geschieht.

b) Das N_e—n-Diagramm

Man kann auch ein Diagramm benutzen, dessen Abszisse wie bisher n, dessen Ordinate statt M_d aber N_e ist. In Bild 55 sind zum Vergleich die N_e- und die M_d-Kurve beide über derselben Abszisse eingetragen. Bei schnellaufenden Motoren erreicht die N_e-Linie oft ein Maximum, um bei den höchsten Drehzahlen wieder abzufallen. Dies hat folgenden Grund: Wenn die M_d-Kurve bei hoher Drehzahl infolge Reibung und Luftmangel stark abfällt, wird das Koordinatenprodukt aus M_d und n

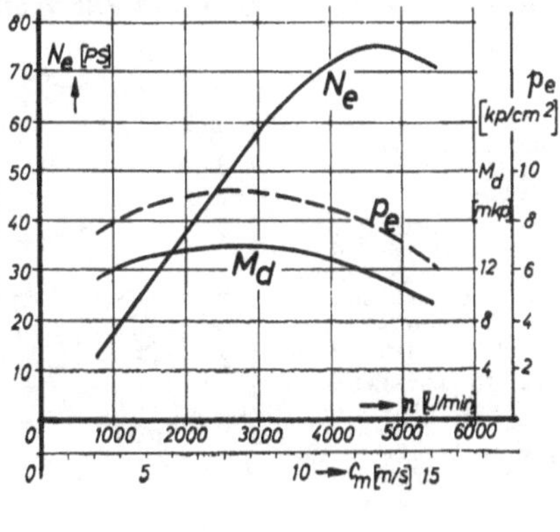

Bild 55. Leistung N_e über Drehzahl n. Zum Vergleich M_d und p_e über n. Für Personenwagen-Motor.

und damit N_e wieder kleiner, wenn man auf weit rechts liegende Punkte dieser abfallenden Kurve übergeht.

c) Kraftstoffverbrauch im Kennfeld

Es ist auf dem Motorprüfstand (Bd. I, Bild 6) einfach, den Motor mit einem bestimmten n und M_d zu betreiben, und dabei den spezifischen Kraftstoffverbrauch $b_e = 1000\, B/N$ in g/PS h zu messen. Man denkt sich nun das b_e als eine entsprechend lange Strecke, die auf dem zugehörigen Punkt des M_d-n-Diagramms senkrecht aufgestellt wird (dritte Koordinate). Wiederholt man dies an vielen Punkten, so bilden die oberen Enden dieser verschieden hohen b_e-Strecken eine räumliche Fläche, die man *Verbrauchsgebirge* oder *Verbrauchskennfeld* nennen kann. Um die Höhe des Gebirges auf dem ebenen Zeichenpapier überall leicht erkennbar zu machen, geht man wie auf einer Landkarte vor, in der die Meereshöhen durch Schichtlinien (Linien gleicher Höhe, Isohypsen) dargestellt sind; man zeichnet also Kurven gleichen Kraftstoffverbrauchs b_e ein. Wenn man z. B. an zwei Punkten des M_d-n-Kennfelds für b_e die Zahlen 206 und 194 g/PS h gemessen hat, so läuft die Kurve gleichen spezifischen Verbrauchs $b_e = 200$ offenbar zwischen diesen hindurch. So fertigt man nach einiger Übung aus den gemessenen Kraftstoffverbrauchs-Werten Bilder wie 56 bis 59.

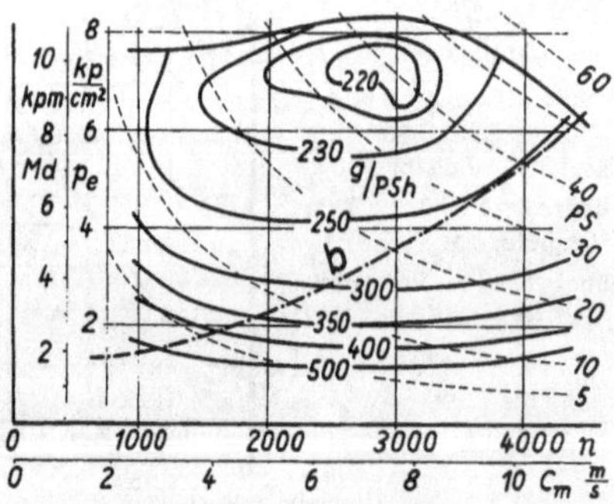

Bild 56 Kennfeld des spezif. Kraftstoffverbrauchs b_e eines Otto-Personenwagenmotors; Hubvolumen 1,7 Liter, 4 Zyl. Viertakt. Barometerstand 715 Torr. Schräge gestrichelte Linien: N_e in PS. Strichpunktierte Kurve b: Ungefähre Lage der Betriebspunkte bei Fahrt auf ebener Straße.

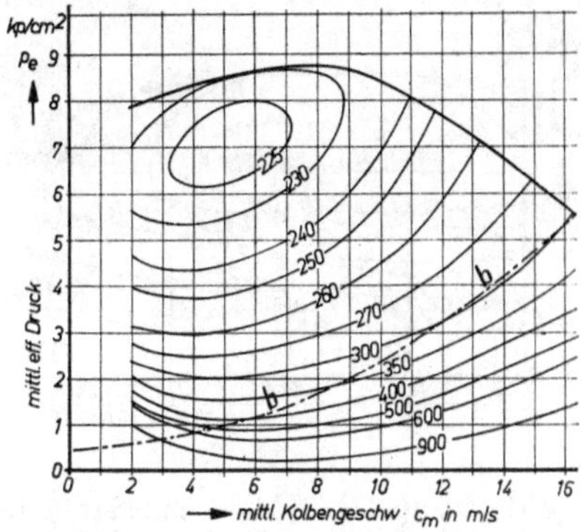

Bild 57. Kennfeld des spezif. Kraftstoffverbrauchs b_e in g/PSh. Typischer Verlauf bei Ottomotoren amerikanischer Personenwagen.

Diese Verbrauchsgebirge haben fast immer folgendes *Aussehen:* Es gibt eine Mulde mit kleinstem Verbrauch, die meist bei mittlerer Drehzahl und etwas unterhalb des Nennlast-p_e liegt. Von ihr steigt das b_e nach allen Seiten an, am ausgesprochensten nach unten hin, also bei kleinem p_e bzw. M_d. Letzteres ist begreiflich: Ein Schnitt durch das Verbrauchsgebirge von oben nach unten bei bestimmtem n ergibt das b_e abhängig von M_d, also genau dasselbe wie in Bild 52 für auch dort konstante Drehzahl n; von dort wissen wir, daß der Verbrauch bei abnehmendem M_d wegen des sich verschlechternden mechanischen Wirkungsgrads steigt. Geht man von der

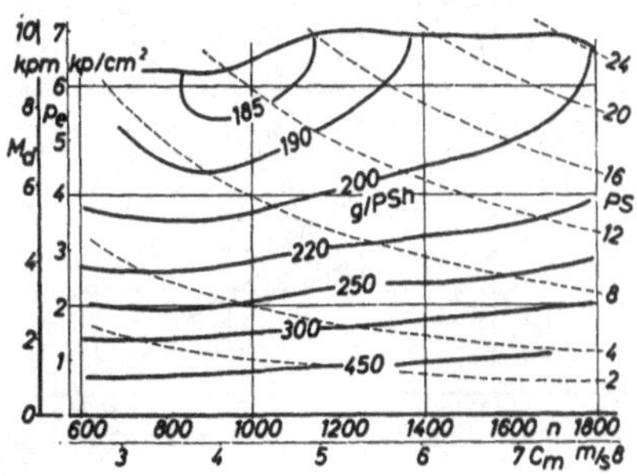

Bild 58. Kennfeld des spezif. Kraftstoffverbrauchs eines für landwirtsch. Schlepper geeigneten Dieselmotors. 2 Zyl., Viertakt, V_H = 1,84 Liter. Barometerstand 715 Torr.

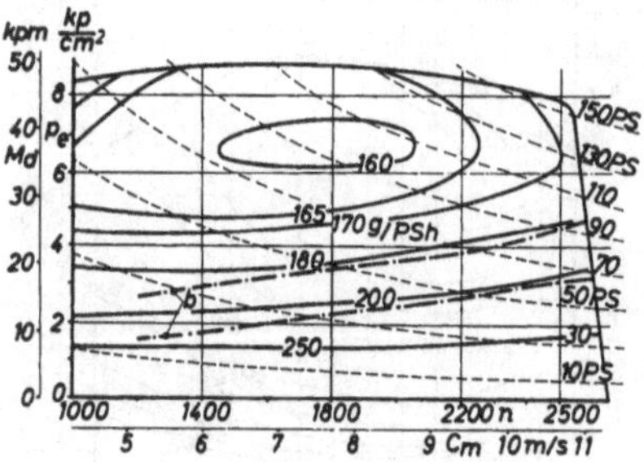

Bild 59. Kennfeld des spezif. Kraftstoffverbrauchs b_e eines für Lastwagen und Omnibusse bestimmten Dieselmotors. 6 Zyl., Viertakt $V_H = 7$ Liter. Strichpunktierte Kurven b: Ungefähre Lage der Betriebspunkte bei Fahrt auf ebener Straße obere Kurve bei besetztem, untere bei leerem Omnibus. Leistung nach DIN, jedoch ohne den im Betrieb abschaltbaren Lüfter.

Mulde waagrecht (M_d = constans) nach rechts, so steigt der spezifische Verbrauch; auch hier hauptsächlich wegen der Reibung, jetzt aber wegen des Anwachsens derselben mit n, s. Bild 47. Geht man waagrecht nach links, so steigt der Verbrauch insbesondere bei Ottomotoren, bei denen der indizierte Verbrauch b_i bei kleinen Drehzahlen schlechter wird; Hauptgrund schlechtere Verbrennungsverhältnisse, z. B. große Wandverluste, ungenügende Gemischbildung in Vergaser und Saugrohr. — Auch abgesehen von diesen allgemeinen Eigenschaften zeigt das b_e-Verbrauchsgebirge oft Einzelheiten, welche darüber aussagen, ob gewisse innere Vorgänge im Motor

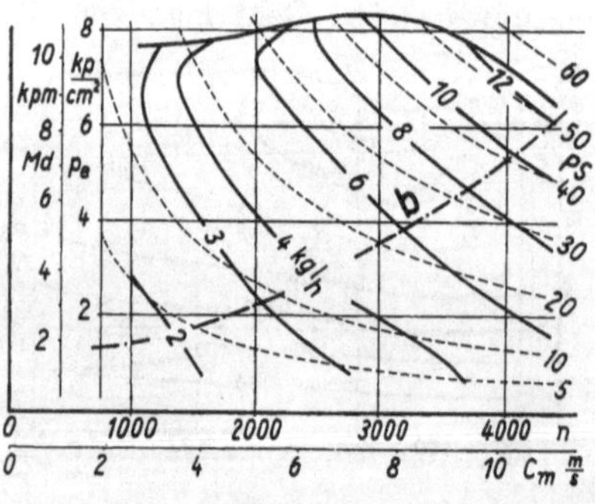

Bild 60. Kennfeld des absoluten Kraftstoffverbrauchs B in kg/h. Ottomotor wie Bild 56.

ordnungsgemäß ablaufen oder nicht; z. B. können Unregelmäßigkeiten der Kurven, die bei einer bestimmten Drehzahl auftreten, durch Resonanzschwingungen (F 12) in der Vergaserleitung hervorgerufen sein.

d) Pro Betriebsstunde gerechneter Kraftstoffverbrauch B und Luftverbrauch L. Beziehung zum Luftverhältnis λ der Verbrennung.

In den Fällen, in denen man sich nicht über die inneren Vorgänge, sondern über den *Brennstoffverbrauch im Ganzen* unterrichten will, kann man im Kennfeld als zur Zeichenebene senkrechte Komponente das B in kg/h auftragen (s. Text nach Gl. 34) anstelle des b_e in g/PS h, siehe Bild 60. — Auch kann man statt des Verbrauchs an Kraftstoff B den an Luft L in analoger Weise darstellen, s. Bild 61.

Durch Division L/B erhält man an jeder Stelle des Kennfelds den Luftbedarf im Verhältnis zum Kraftstoffbedarf in kg/kg; durch nochmalige Division durch $L_{\min}$ (s. Tabellen in B 3, Bd. I) das Luftverhältnis λ der Verbrennung; s. in A 4 und Bild 43 des Bds. I. Allerdings vernachlässigt man bei dieser Art der Bestimmung des λ den Anteil der Luftmenge L, welcher beim Ladungswechsel durch den Motor hindurchgespült wird, ohne an der Verbrennung teilzunehmen. Daher bei Zweitakt unzulässig; wohl aber zulässig bei nicht aufgeladenen Viertakt mit Inkaufnahme eines meist kleinen Fehlers (wegen Durchspülung im o. T. zwischen Auspuff- und Einsaughub). — Liefergrad s. F 4.

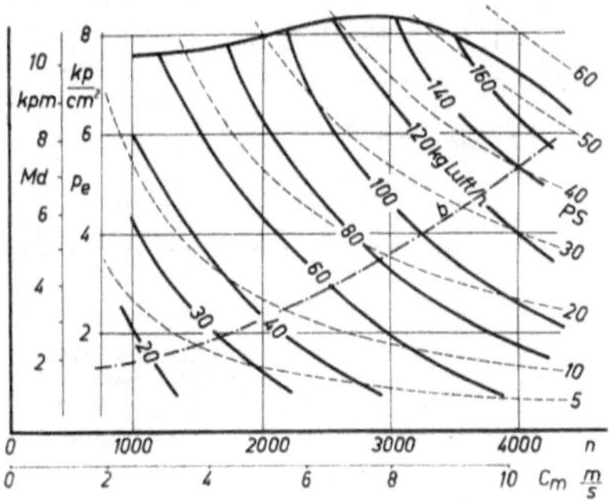

Bild 61. Kennfeld des absoluten Luftverbrauchs L in kg/h. Ottomotor wie Bild 56 u. 60. Ansaugeluft etwa 717 Torr, 17° Celsius.

7. Auffindung der Betriebspunkte (n und M_d) eines in ein laufendes Fahrzeug eingebauten Motors. Der Kraftstoffverbrauch b_e des Motors und k des Fahrzeugs in Liter/100 km. Die Fahrlinie b auf ebener Straße. Der Kraftstoff-Normverbrauch

Wenn ein Fahrzeug, dessen Motor mit einigen wenigen Meßgeräten ausgerüstet ist, in einem bestimmten Fahrzustand fährt, z. B. mit einer bestimmten Geschwindigkeit auf einer Straße oder einem Geleise von bestimmter Neigung und mit Einschaltung eines bestimmten Gangs, so ist es nicht schwer zu ermitteln, wie groß die Drehzahl n und das Moment M_d des Motors sind. n kann man mit einem Drehzahlmesser oder notfalls durch Umrechnen aus Fahrgeschwindigkeit und Übersetzung bestimmen. M_d bzw. p_e (Gl. 22 u. 23) findet man z. B. folgendermaßen: Man mißt im Fahrzeug bei einem Otto-Viertakt-Motor den Unterdruck p_d im Saugrohr, bei einem Dieselmotor die Auspufftemperatur t_u. Hat man denselben Motor vorher oder nachher auf dem Motorprüfstand

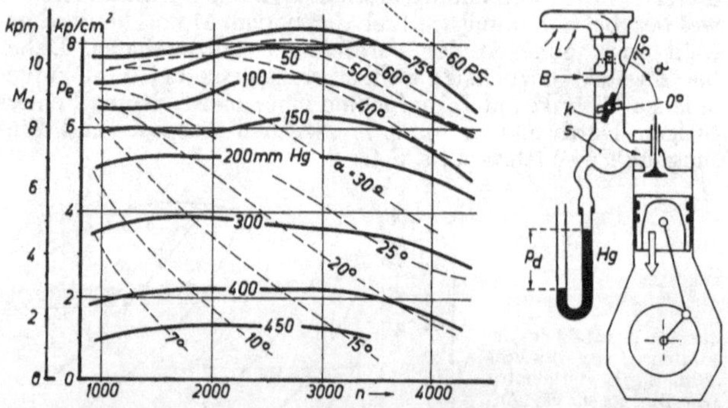

Bild 62. Kennfeld des Unterdrucks p_d (mm Quecksilber = Torr) im Saugrohr eines Otto-Viertaktmotors. Derselbe Motor wie in Bild 56, 60 und 61. Der Unterdruck entsteht, wenn bei Teillast die Drosselklappe k mehr oder minder geöffnet wird (um Winkel α; im Diagramm gestrichelte Kurven). Je größer p_d, um so kleiner die vom Zylinder angesaugte Gemischmenge und damit auch der mittlere Druck p_e (Mengenregelung).

durchgemessen, so hat man dabei Kurven wie auf Bild 62 (Ottomotor) oder 32 (Dieselmotor) erhalten. Trägt man in diese Kurventafeln den im Fahrzeug gemessenen Wert von p_d (Ottomotor) oder t_u (Dieselmotor) ein, so weiß man, in welchem Punkt des M_d-n-Kennfelds der Motor bei der Fahrt gerade betrieben wurde, und kennt damit auch den Kraftstoffverbrauch g/PS h.

Beziehung zwischen dem *Kraftstoffverbrauch des Wagens k in Liter/100 km,* dem des Motors B in kg/h und des Motors b in g/PS h

$$k = 100 \cdot B/(V \cdot \gamma) = 0{,}1 \cdot b \cdot N_e/(V \cdot \gamma) \qquad (38)$$

wobei $N_e = M_d \cdot n/716$ Leistung in PS, V Fahrgeschwindigkeit in km/h, γ Wichte des Kraftstoffs in kg/dm³, also etwa 0,73 bei Benzin, 0,78 bei Superbenzin, 0,86 bei Dieseltreibstoff.

Würde man während einer gewöhnlichen Fahrt eines Kraftwagens in jedem Augenblick den Kennfeldpunkt ermitteln, so würde dieser sehr oft seinen Platz wechseln, vgl. in Bild 54 die Punkte *A, B, C* und *D;* namentlich bei Fahrten in Städten wegen der häufigen Beschleunigungen, Bremsungen und Schaltungen [99, 100].

Wenn dagegen der Wagen gleichbleibend mit derselben Geschwindigkeit im höchsten Gang bei Windstille auf einer ebenen Straße fährt, so liegt der Betriebspunkt auf oder nahezu auf der Kurve *b*, wie sie im Bild 54, 56, 57, 60, 61 und in Bd. I in Bild 43 eingezeichnet ist. Mit steigender Fahrgeschwindigkeit wandert er auf Kurve *b* nach rechts; dabei steigt dann das Moment an, hauptsächlich wegen des Luftwiderstands. Der Punkt *G* in Bild 54, an dem die *b*-Linie die Nennlastlinie *e*—*e* schneidet, bedeutet die erreichbare Höchstgeschwindigkeit des Wagens auf ebener Straße. Die *b*-Linie verläuft unterhalb des Bereichs besten Brennstoffverbrauchs b_e, besonders bei großen Motoren, Bild 57. Bei den Geschwindigkeiten, mit denen ein Auto am häufigsten fährt, ist also der Motor unterbelastet und hat deshalb einen relativ hohen Kraftstoffverbrauch b_e je PS h; allerdings ist der Verbrauch B je Betriebsstunde (Bild 60) wegen der dann kleinsten Leistung N_e nicht allzu hoch. — Bei Beschleunigungen und Bergauffahrt liegt der Betriebspunkt über, bei Verzögern und Bergabfahrt unter der *b*-Linie. Bei einem guten Automobilmotor *muß* oberhalb der Linie *b* noch ein erheblicher Teil des Kennfeldes liegen; nur dann hat er beim Beschleunigen und Bergsteigen die nötige Kraftreserve.

Weil man oft den Kraftstoffverbrauch *k* verschiedener Wagen miteinander vergleichen will, besteht das Bedürfnis den Verbrauch unter vereinheitlichten Fahrbedingungen zu messen. In Deutschland hat man daher einen *Normverbrauch k* nach DIN 70 030 eingeführt: Bei dessen Feststellung verlangt man eine Meßfahrt hin und zurück über eine etwa 10 km lange ebene Fahrbahn mit gleichmäßiger Geschwindigkeit, die drei Viertel der Höchstgeschwindigkeit, jedoch höchstens 110 km/h betragen muß. 10 % Zuschlag zum gemessenen Verbrauch. Nähere Bedingungen s. Normblatt 70 030 oder [10].

Schrifttum

Ein Verzeichnis dieses Umfanges erhebt keinerlei Anspruch auf Vollständigkeit

Abkürzungen:

VDI Verein Deutscher Ingenieure, Düsseldorf
ZVDI Zeitschrift des VDI
MTZ Motortechnische Zeitschrift } Franckh'sche Verlagshandlung,
ATZ Automobiltechnische Zeitschrift } Stuttgart
Forsch. a. d. G. d. Ing. W. Forschung auf dem Gebiet des Ingenieurwesens. VDI Verlag, Düsseldorf
SAE Journal u. SAE-Transactions. Anschrift: 485 Lexington Ave. New York 17.

● bedeutet: Buch.

1—9 Bücher über Verbrennungsmotoren und über die inneren Vorgänge in diesen

● 1 Grigull, Ulrich, München: Technische Thermodynamik. Sammlung Göschen 1966, Band 1084 a

● 1a Jante, A., Dresden: Über Verbrennungsmotoren und Kraftfahrwesen. V 19, Bd. 1 u. 2, 1956 u. 1959. VEB-Verlag Technik, Berlin

● 2 Kraemer, Otto, Karlsruhe: Bau und Berechnung der Verbrennungsmotoren. Springer-Verlag, 4. Auflage 1963

● 3 List, Hans: Die Verbrennungskraftmaschine. Springer-Verlag Wien.
Band 4 Der Ladungswechsel der Verbr.-Kraftm.
Teil 1: List, Reyl: Die rechnerische Behandlung der instationären Strömungsvorgänge am Motor. 1949
Teil 2: List: Der Zweitakt. 1950
Teil 3: Der Viertakt, Ausnützung der Abgasenergie für den Ladungswechsel. 1952

● 4 Löhner, Kurt, Braunschweig: Die Verbrennungskraftmaschine. Innenvorgänge und Gestaltung. VDI Verlag, 2. Aufl. 1963 (mit ausführlichem Literaturverzeichnis)

● 5 Ricardo, H. R.: Der schnellaufende Verbrennungsmotor. Deutsch, 3. Aufl. 1954 Springer-Verlag

● 6 Sass, Friedrich, Berlin: Bau und Betrieb von Dieselmaschinen. Springer-Verlag, Bd. 1 u. 2. 2. Aufl. 1948 u. 1957

● 6a — Geschichte des deutschen Verbrennungsmotorenbaues von 1860 bis 1918. Springer-Verlag 1962.

● 7 Schmidt, Ernst, München: Einführung in die technische Thermodynamik. Springer-Verlag. 10. Aufl. 1963

● 8 Schmidt, F. A. F.: Verbrennungskraftmaschinen. Thermodynamik und versuchsmäßige Grundlagen. Oldenbourg, 3. Aufl. 1951. Neue Auflage in Vorbereitung

● 9 Taylor, Ch. F.: The Internal Combustion Engine in Theory and Practice. Massachusetts Institut of Technologie and Wiley & Sons, New York and London. Vol. I. 1960

● 9a Taylor, C. Fayette and Taylor, Edward S., Massachusetts Institut of Technologie: The Internal Combustion Engine, Second Edition. 1961. Internal Textbook Company, Scranton, Pennsylvania

10—14 Hand- und Taschenbücher mit größeren Abschnitten über Motoren

● 10 Bosch: Kraftfahrtechn. Taschenbuch. VDI Verlag, Düsseldorf. 16. Aufl. 1966

● 11 Buschmann, Kössler: Taschenbuch für den Kraftfahrzeugingenieur. D. Verlagsanstalt Stuttgart. 7. Aufl. 1963

● 12 Bussien: Automobiltechn. Handbuch. 18. Aufl. 1965 (bearb. von Goldbeck). Techn. Verlag Herbert Cram, Berlin

● 13 Dubbel: Taschenbuch für den Maschinenbau. Springer-Verlag. 12. Aufl. 1961 Band I und II

● 14 Hütte: Des Ingenieurs Taschenbuch, Band II a, 28. Aufl.

15—19 Schrifttum über Ladungswechsel bei Viertakt, zu Abschnitt F 2—4. Vgl. aber auch 34—60 (zu F 12)

15 Boden, R. H., und Schecter: Die Dynamik des Saugsystems eines Viertaktmotors. N. A. C. A., Technische Note Nr. 935, Mai 1944. Auszug in MTZ 1950 (Jg. 11) S. 84

16 Groth, Kl., und Brosinsky, H. J.: Untersuchungen an Kolbenmaschinen (über Schwingungen in der Druckleitung von Kolbenverdichtern; Groth) (Beitrag zur Berechnung des Ladungsendzustand in schnellaufenden Dieselmotoren). VDI-Forschungsheft 440 (1953)

17 Groth, Kl., und Haasler, Hannover: Gaswechselarbeit und Ladungsendzustand eines 2- und 4-Takt-Ottomotors bei Teillast. ATZ 1960 (Jg. 62) S. 51

18 Hasselgruber, H.: Verallgemeinerte Berechnung des stationären Ladungswechsels von Verbrennungskraftmaschinen. Forschung auf dem Gebiet des Ingenieurwesens 1961 (Bd. 27) S. 129

19 Vogel, W., und Seifert, H.: Ergebnisse der Abstimmung von Saug- und Auspuffleitungen an einem Vierzylinder-Viertaktmotor. MAN-Forschungsheft 1954; auszugsweise MTZ 1957 (Jg. 18) S. 38

20—33 Schrifttum über Ladungswechsel bei Zweitakt, zu Abschnitt F 5—11 Vgl. aber auch 34—60 und 71—87

20 Endres, W., und Danner, M.: Spülluft, Verbrennungsgase und Mischzone im Zylinder des Zweitaktmotors. Ein Modellversuch. MTZ 1959 (Jg. 20) S. 393

21 Hülse, Wilhelm: Winkelquerschnitte von Zweitakt-Verbrennungs-Kraftmaschinen. MTZ 1959 (Jg. 20) S. 51

22 Jante, A.: Über die Spülung von Zweitaktmotoren, 1960, K 96. Akademie-Verlag Berlin

23 Klüsener, O., und Schröder, Hannover: Versuche an Zweitaktmaschinen mit Kurbelkastenspülung. MTZ 1952 (Jg. 13) S. 56

24 Kluge, v. Sanden, Spannhake sen., Karlsruhe: Einrichtung für die Untersuchung des Spülvorgangs in kleinen Zweitaktschnelläufern. Kraftfahrtechnische Forschungsarbeiten, Heft 7, VDI-Verlag 1937

25 Lutz, O.: Über den Ladungswechselvorgang. MTZ 1952 (Jg. 13) S. 189

26 Ohigashi und Kashiwada, Osaka City University: Scavenging of Two-Stroke Diesel Engine. Bulletin of Isme, 1960 (vol. 3) S. 160 und 1961 (vol. 4) S. 699

Ohigashi, S., Osaka City University: Spülvorgang bei Zweitaktmotoren mit Umkehrspülung. MTZ 1959 (Jg. 20) S. 47

27 Riedl, Martin: Der Spülverlust des mit Kurbelkastenpumpe arbeitenden Zweitaktmotors. Diss. Techn. Hochschule München 1961

28 Schniewind, I.: Gasdynamische Untersuchung des Spülvorgangs eines kurbelkastengespülten Zweitaktmotors, VDI-Berichte 1955, Band 3

● 29 Schweitzer, P. H.: Scavenging of Two-Stroke Cycle Diesel Engines. Verlag Macmillan Co., New York 1949

30 Schweitzer, P. H. Gleichstrom- und Umkehrspülung. MTZ 1959 (Jg. 20) S. 58/60

● 31 Venediger, H. J.: Zweitaktspülung, insbesondere Umkehrspülung. Franckh'sche Verlagshandlung, Stuttgart 1947

32 Wille: Spülströmung bei schlitzgesteuerten Zweitakt-Verbrennungsmaschinen. ATZ 1941 (Jg. 44) S. 112

33 Zemann: Grundlagen für die Berechnung von Zweitaktmaschinen. MTZ 1941 (Jg. 2) S. 285 u. 319

34—41 Neuere Bücher über Strömung, welche auch instationäre Vorgänge behandeln. Zu F 12

● 34 Eck, B.: Technische Strömungslehre. Springer-Verlag, 6. Aufl. 1961

● 35 Kaufmann, W., München: Technische Hydro- und Aerodynamik. 3. Aufl. 1963

● 36 Oswatitsch, K.: Gasdynamik. Springer, Wien 1952

● 37 Brandl, H., Göttingen: Strömungslehre. Vieweg & Sohn, Braunschweig 1956

● 38 Rudinger, G.: Wave Diagrams for Nonsteady Flow in Ducts. Verlag Van Nostrand Co., Inc., New York 1955

● 39 Sauer, Robert, München: Einführung in die theoretische Gasdynamik, Springer-Verlag, 3. Aufl. 1960

● 40 Seifert, Hans, Mannheim: Instationäre Strömungsvorgänge in Rohrleitungen an Verbrennungskraftmaschinen. Die Berechnung nach der Charakteristikenmethode. Springer 1962

● 41 Stanyukowich, K. P.: Unsteady Motion of Continuous Media. Aus dem Russischen. Verlag Pergamon Press 1960

42—60 Sonstige Schriften (z. B. Forschungshefte und Zeitschriftenaufsätze) über instationäre Vorgänge in Leitungen. Zu F 12; vgl. aber auch 15—33 (zu F 2—11).

● 42 Allievi, L.: Allgemeine Theorie über die veränderliche Bewegung des Wassers in Leitungen. Verlag Julius Springer, Berlin 1909

43 B e n s o n , R. S., Liverpool: Instationäre Strömungen in verzweigten Systemen. MTZ 1962 (Jg. 23) S. 10

44 B r o s i n s k y : Beitrag zur Berechnung des Ladungsendzustands in schnellaufenden Dieselmotoren. VDI-Forschungsheft 440, Band 19, 1953

45 E i c h e l b e r g , G., Zürich: Instationäre Strömungsvorgänge in Motoren. Forsch. a. d. G. d. Ing. Wesen 1943 (Bd. 14) S. 41

46 E n d r e s , W. junior: Zur Berechnung der Gasströmung in Ansaug- und Auspuffleitungen von Motoren. MTZ 1954 (Jg. 15) S. 52

47 H a d l a t s c h , P.: Reibende Gasströmung durch Drosselstellen sowie Reflexion anbrandender Druckwellen mit großen Amplituden. ZVDI 1953 (Bd. 95) S. 503 u. 706

48 H u b e r , E. W., München: Beitrag zur Berechnung von Strömungsvorgängen insbesondere von Ladungswechselvorgängen an Verbrennungskraftmaschinen unter Berücksichtigung der instationären Strömung. VDI-Forschungsheft 462 (1957)

49 H u s s m a n n , A. W., und P u l l m a n , W. A.: Pressure Fluctuation in Multi-Cylinder Exhaust Manifolds; in: ASME-Paper No. 57-A-196, 1957 und in: Technical Paper No. 157, Department of Mechanical Engineering, Pennsylvania State University

50 L u t z , O.: Über Resonanzschwingungen in der Ansaug- und Auspuffleitung von Reihenmotoren. Luftfahrtforschung 1939 (Bd. 16) S. 139 u. 384

51 N u s s e l t , W., München: Der Druck im Ringquerschnitt von Rohren mit plötzlicher Erweiterung beim Durchfluß von Luft mit hoher Geschwindigkeit. Forsch. Ing. Wesen 1940 (XI) S. 250

52 O p p i t z , A.: Schwingungen in den Auspuffleitungen von Dieselmotoren. ZVDI 1930 (Jg. 74) S. 216

53 P f r i e m , H.: Reflexionsgesetze für ebene Druckwellen großer Schwingungsweite. Forsch. a. d. G. d. Ing. Wesen 1941 (Bd. 12) S. 244

54 P i s c h i n g e r , A., Graz: Bewegungsvorgänge in Gassäulen, insbesondere beim Auspuff- und Spülvorgang von Zweitaktmaschinen. Forsch. a. d. G. d. Ing. Wesen 1935 (Bd. 6) S. 245

55 R e y l , G., Graz: Untersuchungen an Saugrohren. Deutsche Kraftfahrforschung 1943, Heft 74. VDI-Verlag

56 S c h e r e n b e r g , Hans: Erfolg der Benzineinspritzung bei Daimler-Benz (Bild 8, 14) MTZ 1961 (Jg. 22) S. 241

57 S c h u l t z - G r u n o w , F., Aachen: In Forschung für Ingenieurwesen: Pulsierender Durchfluß durch Rohre. 1940 (XI) S. 170

Nichtstationäre eindimensionale Gasbewegung. 1942 (XIII) S. 125

Nichtstationäre kugelsymmetrische Gasbewegung und nichtstationäre Gasströmung in Düsen und Diffusoren. Ing. Archiv 1943 (Bd. 14)

58 W i l h e l m , Werner: Forschungsberichte Nordrhein-Westfalen. Westdeutscher Verlag Köln u. Opladen
Nr. 444 Einfluß der Saugrohrabmessung, Einlaßsteuerlage, Größe des Kurbelkastenvolumens auf den Ladungswechsel eines Einzyl.-Zweitaktmotors
Nr. 588 Untersuchung über den Einfluß der Auspuffrohrabmessungen ... Zweitaktmotor
Nr. 981 Berechnung des Gaswechsels kurbelkastengespülter Zweitaktmotoren ... mit Massenwirkung. Gassäule in Spülkanälen
Nr. 982 Die Wirkung von Auspuffrohren mit Blenden am Rohrende sowie diffusorartiger Auspuffleitungen auf den Ladungswechsel ... Maschine mit Kurbelkastenspülung
Nr. 988 Wilhelm und Jürgler: Nichtstationäre ... Gasströmung .. in Rohren mit unstetigen Querschnittsänderungen
Nr. 989 Einfluß Spülkanalabmessungen auf Ladungswechsel kurbelkastengespülter Motoren

59 Y i a n - N i a n , Chen, Winterthur: Druckwellenspülung bei Zweitaktmotoren. Diss. ETH Zürich 1953. Verlag Leemann, Zürich. — Auch MTZ 1954 (Jg. 15) S. 161

60 Z e l l e r , H.: Beitrag zur eindimensionalen stationären und instat. Gasströmung ... insbesondere in Rohren mit unstetigen Querschnittsänderungen. Forschungsbericht d. W.- u. V-Minist. Nordrhein-Westf. Nr. 175. Westdeutscher Verlag 1955

61—70 Abgase von Verbrennungsmotoren. Zu Abschnitt F 13

61 A f t a l i o n , S., Winterthur: Bestimmung schnell veränderlicher Temperaturen motor. Abgase. MTZ 1959 (Jg. 20) S. 45

62 B r u n n e r , Max, Zürich: Über die Kohlenmonoxydbildung bei benzingetriebenen Fahrzeugen. Schweizer Archiv für angewandte Wissenschaft und Technik 1958 (24 Jg.) Heft 6

63 D i t e r i c h , Kurt, Hanau: Probleme bei der Temperaturmessung mit Thermoelementen, ZVDJ 1961 (Bd. 103) S. 875

64 E i c h h o l z , Fritz: Lehrbuch der Pharmakologie

65 H u b e r , E. W.: CO-Entwicklung bei Fahrzeugmotoren, ATZ 1960 (Jg. 62) S. 320

66 L ö h n e r Kurt, M ü l l e r Herbert, Braunschweig, L u t h e r Horst, I h r i g , Heinrich, Clausthal: Der Kohlenmonoxydgehalt von Abgasen von Fahrzeugverbrennungsmotoren. ATZ 1960 (Jg. 62) S. 311

67 L ö h n e r , Kurt, Braunschweig: Kohlenoxydemission von Fahrzeugmotoren. Verkehrswissenschaftliches Seminar E. V. Hamburg, II, S. 15 (1961)

68 M a n g o l d , G.: Die Verbesserung des Wirkungsgrads der VKM durch Ausnutzung der Abgaswärme. MTZ 1950 S. 114

68a M a t t h e s , D.: Autoabgase entgiften. VDI-Nachricht. 9. 12. 64

68b M a r t i n , H.: Die Autoabgase u. ihre Entgiftung. ATZ 1965 (Jg. 67) S. 113.

68c W o l f , W.: Die Abgasentgiftung von Fahrzeugmotoren. MTZ 1965 (Jg. 26) S. 102

● 69 Möschlin, Sven: Klinik und Therapie der Vergiftungen. Verlag G. Thieme, Stuttgart

69a Pflaum, W., Mitarbeiter Peterik, H. E.: Mollierdiagramme f. Verbrennungsgase. 2. Aufl. Teil I, VDI-Verlag 1960

70 Wilke, Wilhelm, Heidelberg: Die gesundheitlichen Schädigungen in der Luft durch die Auspuffgase der Verbrennungsmotoren. MTZ 1957 (Jg. 18) S. 13

71—87 Aufladen. Zu Abschnitt G.

71 Ackermann, Georg, München: Die Verringerung des Verlustes durch unvollständige Expansion in Verbindung mit einer inneren Kühlung bei Verbrennungsmotoren mit Einspritzung. MTZ 1954 (Jg. 15) S. 3

72 Baumann, G.: Leistungssteigerung von Zweitaktmotoren durch Abgas-Turboaufladung. Brown Boveri (Baden/Schweiz), Mitteilungen August 1954

73 Büchi, Alfred, Winterthur: Über die Entwicklungsetappen der Büchi-Abgasturboaufladung. Schweizerische Bauzeitung 1952. Auch Sonderdruck vom Ingenieurbüro Dr. Büchi, Winterthur/Schweiz

74 Eichelberg, G., Zürich, und Pflaum, W., Berlin: Untersuchung eines hochaufgeladenen Dieselmotors. ZVDI 1951 (Bd. 93) S. 1113

75 von Gunten, H. E., u. Gyssler, G.: The Turbo-Charger and the Supercharging of Large Two-Stroke Diesel Engines. North East Coast Institution of Engineers and Shipbuilders in Newcastle upon Tyne; Transactions Vol. 79 (1963)

76 Gyssler, G.: Untersuchungen über den Auslaßvorgang aufgeladener Zweitakt-Dieselmotoren. Brown Boveri (Baden/Schweiz) Mitteilungen 37 (1950)

77 Holfelder, Otto: Erfahrungen mit Abgas-Sauerstoff-Betrieb im Ottomotor. MTZ 1952 (Jg. 13) S. 4

78 Huber, E. W., München: Wandlung der Motorkennung durch thermodynamische Maßnahmen. VDI-Berichtsheft Nr. 42 (1960)

79 Jenny, E.: Berechnungen und Modellversuche über Druckwellen großer Amplitude in Auspuffleitungen. Diss. ETH Zürich 1949, Basel, Ameba-Druck. — Die Verwertung der Abgasenergie beim aufgeladenen Viertaktmotor. Brown Boveri (Baden/Schweiz) Mitteilungen 37 (1950)

80 Kilchenmann, W., Winterthur: Some Aspects Concerning the Supercharging of Existing Two-Stroke Marine Diesel-engines. The Institut of Marine Engineers at London, Transactions, Okt. 1956. Auch: Cimag-Kongreß in Zürich 1957

81 Leiker, M., Köln-Deutz: Probleme und Ergebnisse bei der Abgasturboaufladung von Zweitakt-Dieselmotoren mit Umkehrspülung. MTZ 1957 (Jg. 18) S. 252. Aus der Entwicklung von Zweitaktdieselmotoren der Klöckner-Humboldt-Deutz AG. MTZ 1959 (Jg. 20) Heft 2

82 M e u r e r, Siegfried, Nürnberg: Die Entwicklung der Abgasturboaufladung der MAN-M-Fahrzeugdieselmotoren. ATZ 1959 (Jg. 61) S. 147

82a M e u r e r, Siegfried, Nürnberg: Entwicklungstendenzen im Bau schnellaufender Dieselmotoren. ATZ 1964 (Jg. 66) S. 317

83 S c h m i d t, Fritz, Augsburg. Der Großdieselmotor in der Schiffahrt. MAN-Dieselmotornachrichten Nr. 36, Juli 1958.

83a S c h m i d t, Fritz, Augsburg, R a l l, Heinr., Augsburg: Neuere Entwicklungen an MAN-Schiffsdieselmotoren. MTZ 1964 (25. Jg.) S. 435

84 S t o f f e l, Richard, Winterthur: Weiterentwicklung von Spülung u. Turboaufladung der Sulzer-RD-Motoren. MTZ 1963 (Jg. 24) S. 389

85 W e i s e, E., Augsburg: Zur Abgasturboaufladung von Zweitaktmotoren. MAN-Dieselmotoren-Nachrichten Nr. 36, Juli 1958

86 Z i n n e r, Karl, Augsburg: Die Aufladung von Viertaktdieselmotoren. MTZ 1950 (Jg. 11) S. 57

86a Z i n n e r, Karl, Augsburg: Untersuchungen zu einem MAN-Zweitakt-Großmotor mit Abgasturboaufladung und Umkehrspülung. MTZ 1962 (Jg. 23) Heft 6

87 Z i n n e r, Karl, Augsburg: Diagramm zur Bestimmung des Betriebspunkts einstufiger Abgasturboauflader. MAN-Forschungsheft Nr. 10/1961

88—95 Reibung in Verbrennungsmotoren. Zu Abschnitt H 7.

88 G i s h, R. E. u. a.: Determination of True Engine Friction. SAE Transactions 1958, S. 649

89 K i e n l i n, M. von, Friedrichshafen: Mechanische und thermische Beanspruchungsverhältnisse eines rasch laufenden Dieselmotors. MTZ 1959 (Jg. 20) S. 219

90 K r e s s, H., Berlin-Adlershof: Untersuchungen über die mechanischen Reibungsverluste von Verbrennungsmotoren. MTZ 1941 (Jg. 3) S. 73

91 L ö h n e r und S t a h l, Braunschweig: Die Schleppleistung von Viertakt-Dieselmotoren mit Auspuffbremse. Deutsche Kraftfahrtforschung, Heft 93 (1956)

92 P e t e r s e n, Augsburg: Die mechanischen Verluste der Mittel- und Großdieselmotoren. MTZ 1950 (Jg. 12) S. 118

93 P e t e r s e n und S t o l l, Augsburg: Bestimmung der mechanischen Verluste bei Mittel- und Großdieselmotoren. MTZ 1950 (Jg. 12) S. 122

94 S t r i b e c k, R.: Die wesentlichen Eigenschaften der Gleit- und Rollenlager. ZVDI 1902 (Bd. 46) und VDI-Forschungsheft 7. — Bild 48 ist wiedergegeben im Buch Niemann, Maschinenelemente I, Abschnitt Gleitlager. Springer-Verlag

95 U l l m a n n, Kurt: Die mechanischen Verluste des schnellaufenden Dieselmotors. Deutsche Kraftfahrtforschung, Heft 34, Berlin 1940
Die Reibungs- und Pumpverluste des schnellaufenden Otto- und Dieselmotors. ATZ 1939 (Jg. 42) S. 397
Die mechanischen Reibungsverluste der schnellaufenden Verbrennungsmotoren. MTZ 1940, Bd. 2, S. 230

96—97 Einfluß der Atmosphäre. Zu Abschnitt H 8.

96 Frey: Einfluß des Barometerstands, der Ansaugtemperatur und der Luftfeuchtigkeit auf die Leistung von Brennkraftmaschinen. ATZ 1938 (Jg. 41) S. 193

97 Zinner, Karl, Augsburg: Die Umrechnung der Leistung von Verbrennungsmotoren, insbes. Dieselmotoren, in Abhängigvom atmosphärischen Zustand. MTZ 1950 (Jg. 12) S. 109

98—101 Kraftstoffverbrauch. Zu Abschnitt J 6

98 Belke, Kurt, München: Der Kraftstoffverbrauch im praktischen Fahrbetrieb (Lastwagen u. Lastzug). ATZ 1953 (Jg. 55) S. 93

99 Falkner, Wilhelm, München: Der Kraftstoffverbrauch der Nutzfahrzeuge. MAN-Forschungsheft Nr. 11 (1963/64) S. 78

100 Rosenbeck, Martin, Bochum: Wechselwirkung zwischen Kraftstoff und Motor. VDI-Berichte Nr. 42, 1960. Gekürzt in: ATZ 1960 (Jg. 62) S. 266

101 Wirbitzky, G., Stuttgart: Neuzeitliche Bestimmung und Auswertung des Kraftstoffverbrauchs (Lastwagen). ATZ 1952 (Jg. 54) S. 226

Nachweis der Bilder und Tafeln, soweit diese aus Zeitschriften, Büchern, Werksmitteilungen entnommen sind.

Bild 17 Übermittelt von Techn. Hochschule Karlsruhe, Prof. Kluge, v. Sanden, Spannhake senior, siehe [24]
Bild 18 aus [20]
Bild 20 Nach Unterlagen, die von den Zündapp-Werken GmbH., Dir. Dr.-Ing. Stiebling, überlassen wurden
Bild 21, 22 aus [27]
Bild 23 aus [83 a]
Bild 25 nach [48]
Bild 30 nach [49]
Bild 34, 35 aus [67]
Bild 38 aus [6] II. Band
Bild 39 aus [86]
Bild 40 aus [14] II a, 28. Auflage, S. 752
Bild 42 nach Prospekt Burmeister & Wain, Kopenhagen
Bild 43 aus [75]
Bild 45 MAN, Werk Augsburg
Bild 48 nach [94]
Bild 50 nach [95]
Bild 52 aus MAN-Dieselmotor-Nachrichten, 1949
Bild 53 aus [6] II. Band
Bild 55 Daimler-Benz AG.
Bild 57 aus [9]
Bild 59 aus [99]
Tafeln I u. II Seite 118 und 119
„Wiedergegeben mit Genehmigung des Deutschen Normenausschusses. Maßgebend ist die jeweils neueste Ausgabe des Normblattes im Normformat A 4, das bei der Beuth-Vertrieb GmbH., 1 Berlin 15 und 5 Köln, erhältlich ist"

Sachregister

Gesamteinteilung siehe Inhaltsverzeichnis Seite 3 und 4.

USSIEN

Automobiltechnisches Handbuch

18., völlig neu bearbeitete Auflage 1965. Herausgegeben von Dr. rer. techn. **GUSTAV GOLDBECK.** 2 Bände. Oktav. Mit über 2500 Abbildungen und Tafeln. XVI, 2582 Seiten, Ganzleinen DM 220,—.

Alle Ingenieure und Techniker werden es besonders schätzen, daß sie im Bussien außer den vorzüglichen theoretischen Darlegungen eine fast unerschöpfliche Fundgrube für Konstruktionsunterlagen finden.

Schweizerische Technische Zeitschrift

Große Standardwerke erkennt man schon an ihrer Kurzbenennung. So gilt „der Bussien" bei allen Ingenieuren, Konstrukteuren, Werkstattleitern im Kraftfahrzeugwesen als d a s „Automobiltechnische Handbuch".
Bei grundsätzlicher Beibehaltung seines Aufbaus ist das Werk neu bearbeitet. Namhafte, qualifizierte Mitarbeiter aus Praxis und Forschung haben entsprechend ihrer Erfahrung die einzelnen Abschnitte gestaltet.

Berliner Kraftfahrzeug-Handwerk

Der Bussien, seit Jahrzehnten bekannt, gehört griffbereit neben jeden Schreibtisch, an dem es um automobiltechnische Fragen geht. *Stuttgarter Zeitung*

TECHNISCHER VERLAG HERBERT CRAM · BERLIN 30

ULRICH GRIGULL

Technische Thermodynamik

Klein-Oktav. 171 Seiten mit 74 Abbildungen, 7 Tabellen. 1966. DM 5,80 (Sammlung Göschen Bd. 1084/a)

INHALTSVERZEICHNIS

MAX PLANCK

Vorlesungen über Thermodynamik

11. Auflage, erweitert um eine Biographie von Max Planck und ein Kapitel über einige Grundbegriffe aus der Thermodynamik irreversibler Prozesse von *Max Päsler*

Groß-Oktav. Mit 5 Figuren. XXXVI, 343 Seiten mit einem Bild von *Max Planck*. 1964. Ganzleinen DM 30,—

Mit Freude kann man feststellen, daß mit diesem Buch nicht nur ein „Historisches Werk" über die klassische Thermodynamik, sondern auch ein wissenschaftliches Lehrbuch von außerordentlicher didaktischer Qualität erschienen ist. Um dem neuesten Stand der Erkenntnisse gerecht zu werden, hat der Herausgeber ein Kapitel über die Thermodynamik der irreversiblen Prozesse hinzugefügt.

Ventil (Studentenzeitschrift)

MIX
Papier | Fördert
gute Waldnutzung
FSC® C083411

Zeitfracht Medien GmbH
Ferdinand-Jühlke-Straße 7
99095 Erfurt, Deutschland
produktsicherheit@kolibri360.de